高等学校教材

化工综合技能与仿真实训

吕奕菊　杨 文　冯艳艳◎主编

化学工业出版社
·北京·

内容简介

本书内容包括化工专业综合技能实训和仿真实训两部分。化工专业综合技能实训涉及双釜反应、吸附脱色、精馏、萃取、蒸发浓缩、结晶过滤、干燥、恒压供水操作实训和洗衣液的制备、洗手液的制备、乙酸乙酯的生产综合实训项目。同时提供了典型化工产品环己酮、美罗培南仿真操作实训。内容由浅入深，理论与实操相结合。本书可作为化学工程与工艺专业（精细化工、化学制药等方向）综合实训的教材，还可供化工相关专业及从事精细化工与制药工程的科技人员参考。

图书在版编目（CIP）数据

化工综合技能与仿真实训 / 吕奕菊，杨文，冯艳艳主编. —北京：化学工业出版社，2024.4
高等学校教材
ISBN 978-7-122-44919-1

Ⅰ.①化… Ⅱ.①吕… ②杨… ③冯… Ⅲ.①化学工程-高等学校-教材 Ⅳ.①TQ02

中国国家版本馆 CIP 数据核字（2023）第 239767 号

责任编辑：曾照华　林　洁　　　　　装帧设计：王晓宇
责任校对：刘　一

出版发行：化学工业出版社
　　　　　（北京市东城区青年湖南街 13 号　邮政编码 100011）
印　　装：北京科印技术咨询服务有限公司数码印刷分部
710mm×1000mm　1/16　印张 9　插页 1　字数 158 千字
2024 年 9 月北京第 1 版第 1 次印刷

购书咨询：010-64518888　　　　　售后服务：010-64518899
网　　址：http://www.cip.com.cn
凡购买本书，如有缺损质量问题，本社销售中心负责调换。

定　　价：49.00 元　　　　　　　　版权所有　违者必究

    化工综合技能与仿真实训由化工专业综合技能实训和仿真实训两部分组成。

    化工专业综合技能实训是化工专业学生在完成专业基础实验和专业实验学习后，为实现培养目标所设计的重要教学环节，是化工专业实践教学体系的重要组成部分。专业综合技能实训部分教学内容结合生产一线，通过技能实训，进一步促进学生对化工产品的生产原理、工艺流程和生产设备等的理解，促进理论和实践紧密结合，从而提高学生综合运用专业基础知识和专业技能解决复杂工程问题的能力。

    由于化工生产的特殊性，许多实训教学项目无法在一个真实的生产过程中进行。近年来各高校与企业密切合作，在校内建立化工仿真工厂，仿真工厂装置可以模拟真实的化工生产装置运行状态，学生可以"上岗"操作，掌握化工岗位基本操作技能。本教材仿真实训部分，正是以我校建设的"现代化工实训仿真装置"为基础，根据实际教学情况编写而成，为学生的专业技能仿真实训提供指导。

    本教材有两大特点：一是由浅入深，通俗易懂，先介绍常见的化工单元操作，再结合化工单元操作设计生产产品所需的单元操作，并介绍典型的化工产品生产过程；二是虚实结合，包括仿真和实操，理论与实操相结合，实用性较强，且各单元操作间可以根据需要进行组合使用，适用范围较广，满足大部分化工及精细化工产品生产工艺的需求，让学生体会并实践典型化工产品的生产操作过程，解决因行业危险性不能深入生产实践的难题。化工综合实训装置由桂林理工大学和江苏昌辉成套设备有限公司共同开发；化工仿真实践教学工厂由北京东方仿真软件技术有限公司、无锡市东冠机械制造有限公司和桂林理工大学共同开发。

    本书可作为化学工程与工艺专业（精细化工、化学制药等方向）综合实训的教材，还可供化工相关专业及从事精细化工与制药工程的科技人员参考。本书由桂林理工大学吕奕菊、杨文、冯艳艳担任主编，各章编写分工如下：桂林理工大学杨文编写第一章，冯艳艳、侯士立编写第二章，吕奕菊编写第三章。全书由吕奕菊、李和平、刘峥统稿。孔翔飞、王桂霞、阮乐等在数据收集、资料整理等方面做了很多工作。王建军（桂林南药股份有限公司）、苏跃林（桂林华信制药有限公司）和邹品田（广西桂林锐德检测认证技术有限公司）参与了部分编写工作，并在教材内容编写的过程中提出了许多宝贵的意见及建议，在此一并感谢。

本书的编写参考了许多优秀教材和文献，参考文献列于书后，在此谨向各位作者表示深深的谢意。

本书是桂林理工大学规划立项教材，出版得到了桂林理工大学教务处的资助，在此一并表示感谢。由于编者水平有限及时间仓促，疏漏之处请读者批评指正。

编者
2023 年 11 月

目录
CONTENTS

第一章
安全操作规程

第一节　实训上岗安全须知

① 上岗实训前必须按规定正确穿戴好一切劳动防护用品，进入车间必须佩戴安全帽，穿工作服，戴好劳保手套。严禁穿凉鞋、拖鞋、高跟鞋等上岗。

② 自觉遵守实训室安全生产规章制度，不违规操作，并及时制止他人违规操作。

③ 在实训室内严禁打闹等违反劳动纪律的行为，以防发生事故。

④ 现场一切电气、安全、消防等设施，不得随便拆动，发现隐患积极排除，并及时向老师报告。

⑤ 设备检修严格执行挂牌、监护、确认，并认真填写检修工作记录。

⑥ 操作人员应经过实训前的专业操作培训，才能上岗实训。

⑦ 对于有"带电危险""高温请勿靠近"等警示标志的设备，严禁用手直接触碰，谨防触电或烫伤。

⑧ 对于机械运动的设备，如离心机、泵、电机等，严禁用手触碰转动部件，防止机械事故。严禁靠近，防止衣服、鞋带等卷入而造成事故。

第二节　控制室 DCS 岗位安全技术规程

① 进入操作室必须按规定穿戴统一纯棉实训服，做到三紧（领口紧、袖口紧、下摆紧）。

② 严格执行相关的安全管理规章制度。

③ 开车前对供电、供水、控制柜等及整个装置设备状态进行安全检查。

④ 熟练掌握工艺运行参数，发现参数异常及时操控调节。如发现现场泵的出口压力异常升高，则应立即关泵；加热装置温度异常升高，立即停止加热等。

⑤ 实训操作记录必须填写清晰、内容详实、字体书写规范、严禁作假记录。

⑥ 禁止违反工艺纪律和操作纪律，如不认真监视、随意变动和更改工艺指标，不按规程调整工艺参数，凭经验操作等。

⑦ 实训过程中，指令下达要准确无误、简明，吐字清楚。外操的指令下达，内操应判断外操指令的正确与合理性，再进行相应的 DCS 控制操作。同理，当内操给外操下达指令，外操也应判断指令的正确性，确认无误后方可现场操作。

⑧ 当 DCS 出现报警时应及时进行确认处置，不得延误。

⑨ 严禁擅自同意非操作人员操作 DCS 页面。

⑩ 严禁在没有老师允许的情况下私自解除程序联锁。

⑪ 操作台上严禁摆放杂物，DCS 操作台面、屏幕要保持清洁。

第三节　外操岗位安全操作规程

1. 开车前准备

① 学员在上岗操作前，应熟知该工段的工艺流程。

② 检查水、电、气是否符合安全要求。

③ 检查指示仪表、管路及阀门是否符合安全要求。

④ 设备启动前，应进行必要的检查（如安全附件、电气设备、润滑油供油情况及周围环境等），检查阀门是否灵活，以及管路阀门是否有泄漏现象。

⑤ 动设备检查是否可以运转，例如：检查搅拌电机的联动轴是否可以转动自如；检查泵的叶轮是否可以正常转动。

⑥ 检查原料液及冷却水、电气等公用工程的供应情况；加热设备升温前是否已加好相应的溶液。

⑦ 检查公用循环水管线是否正常（恒压供水工段是否已经开启），循环水压力是否达到要求。

2. 开车

① 随时检查动设备运转情况，发现异常应停车检查。

② 注意观察设备的温度、压力及液位，出现异常时采取相应的紧急措施。
③ 加料时，注意不要洒落至地面，同时保持现场清洁。
④ 高温设备不要随手触摸，防止烫伤。
⑤ 装置在运行中，不要私自拆卸卡扣、阀门。
⑥ 进行冷却时，慢慢通入冷却水，切不可骤冷。

第四节 消防器材

按照国家规定，化工设施周边一定范围内必须配备相应数量和对应型号的消防器材，以便在发生消防事故时可以及时进行救援。本章就消防器材的分类和使用进行详细说明。

一、消防器材概述

1. 灭火原理

将灭火剂直接喷射到燃烧的物体上或者将灭火剂喷洒在火源附近的物质上，使其不因火焰热辐射作用而形成新的火点，这样可以达到灭火的目的。下面是常见灭火方法的灭火原理。

（1）冷却灭火法

冷却灭火法是将灭火剂直接喷射到燃烧的物体上，以降低燃烧的温度于燃点之下。冷却灭火法是灭火的一种主要方法，常用水和二氧化碳作灭火剂冷却降温灭火，灭火剂在灭火过程中不参与燃烧过程中的化学反应。这种方法属于物理灭火方法。

（2）隔离灭火法

隔离灭火法是将正在燃烧的物质和周围未燃烧的可燃物质隔离或移开，中断可燃物质的供给，使燃烧因缺少可燃物而停止。具体方法有：（a）把火源附近的可燃、易燃、易爆和助燃物品搬走；（b）关闭可燃气体、液体管道的阀门，以减少和阻止可燃物质进入燃烧区；（c）设法阻拦流散的易燃、可燃液体；（d）拆除与火源相毗连的易燃建筑物，形成防止火势蔓延的空间地带。这种方法属于物理灭火方法。

（3）窒息灭火法

窒息灭火法是阻止空气流入燃烧区或用不燃物质冲淡空气，使燃烧物得不到足够的氧气而熄灭的灭火方法。具体方法是：（a）用沙土、水泥、湿麻袋、湿棉被等不燃或难燃物质覆盖燃烧物；（b）喷洒雾状水、干粉、泡沫等灭火剂覆盖燃烧物；（c）用水蒸气、氮气或二氧化碳等惰性气体灌注发生火灾的容器、设备；（d）密闭起火建筑、设备和孔洞；（e）把不燃的气体（如二氧化碳、氮气等）或不燃液体（四氯化碳等）喷洒到燃烧物区域内或燃烧物上。

消防器材是人类与火灾作斗争的重要武器。科学技术的飞速发展，多种学科的相互渗透，给消防器材的更新发展带来了生机与活力。

2．灭火器

灭火器按充装的灭火剂可分为五类：干粉灭火器（充装的灭火剂主要有碳酸氢钠和磷酸铵盐），二氧化碳灭火器，泡沫型灭火器，水型灭火器，卤代烷型灭火器（俗称"1211"灭火器和"1301"灭火器）。按驱动灭火剂喷出的压力形式分为贮气式灭火器、贮压式灭火器、化学反应式灭火器。按移动方式可分为手提式灭火器、推车式灭火器。

3．消火栓

包括室内消火栓系统和室外消火栓系统。室内消火栓系统包括室内消火栓、水带、水枪。室外消火栓包括地上和地下两大类。室外消火栓在大型石化消防设施中用得比较广泛，由于地区的安装条件、使用场地不同，受到不同限制。石化消防水系统已多数采用稳高压水系统，消火栓也由普通型渐渐转化为可调压型消火栓。

4．破拆工具

手动破拆工具有撬斧、撞门器、消防腰斧、镐、锹、刀、斧等。机动破拆工具有机动锯、机动镐、铲车、挖掘机等。液压破拆工具有液压剪钳、液压扩张器、液压顶杆等。气动破拆工具有气动切割刀、气动镐、气垫等。弹能破拆工具有毁锁枪、双动力撞门器、子弹钳等。

二、手提式灭火器

灭火器是一种可由人力移动的轻便灭火器具，它能在其内部压力作用下，将所充装的灭火剂喷出，用来扑救火灾。灭火器种类繁多，其适用范围也有所不同，只有正确选择灭火器的类型才能有效地扑救不同种类的火灾，达到预期的效果。我国现行的国家标准将灭火器分为手提式灭火器和推车式灭火器。下面对手提式灭火器的分类、适用范围及使用方法作简要的介绍。

常见的手提式灭火器有三种：手提式干粉灭火器、手提式二氧化碳灭火器和手提式卤代烷型灭火器。其中卤代烷型灭火器由于对环境有影响，已不提倡使用。

1. 手提式干粉灭火器

干粉灭火器内充装的是干粉灭火剂。干粉灭火剂是用于灭火的干燥且易于流动的微细粉末，由具有灭火效能的无机盐和少量添加剂经干燥、粉碎、混合而成微细固体粉末组成。通过覆盖至火焰表面，隔绝空气，使其无法继续燃烧，从而达到灭火的效果。

2. 手提式二氧化碳灭火器

在常压下，液态的二氧化碳会立即汽化，一般 1kg 的液态二氧化碳可产生约 $0.5m^3$ 的气体。因而，灭火时，二氧化碳气体可以排除空气而包围在燃烧物体的表面或分布于较密闭的空间中，降低可燃物周围或防护空间内的氧浓度，产生窒息作用而灭火。另外，二氧化碳从贮存容器中喷出时，会由液体迅速汽化成气体，从周围吸收部分热量，从而起到冷却的作用。

3. 手提式卤代烷型灭火器

卤代烷是以卤素原子取代一些低级烷烃类化合物分子中的部分或全部氢原子后所生成的具有一定灭火能力的化合物的总称。卤代烷分子中的卤素原子通常为氟、氯及溴原子。卤代烷的蒸汽有一定的毒性，在使用时避免吸入蒸汽和与皮肤接触，使用后应通风换气 10min 后再进入使用区域。

三、灭火器的选择

1. 火灾类型

A 类火灾：固体物质火灾。这种物质通常具有有机物性质，一般在燃烧时能产生灼热的余烬，如木材、棉、毛、麻、纸张等。

B 类火灾：液体火灾或可熔化的固体物质火灾。如汽油、煤油、原油、甲醇、乙醇、沥青等。

C 类火灾：气体火灾，如煤气、天然气、甲烷、乙烷等。

D 类火灾：金属火灾，如钾、钠、镁、钛、铝镁合金等。

E 类火灾：带电火灾，物体带电燃烧的火灾。如发电机房、变压器室、配电间、仪器仪表间和电子计算机房等在燃烧时不能及时或不宜断电的电气设备带电燃烧的火灾。

F 类火灾：烹饪器具内的烹饪物（如动植物油脂）火灾。

2．火灾扑灭措施

① 扑救 A 类火灾应选用水型灭火器、泡沫型灭火器、磷酸铵盐干粉灭火器、卤代烷型灭火器。

② 扑救 B 类火灾应选用干粉灭火器、泡沫型灭火器、卤代烷型灭火器、二氧化碳灭火器（这里值得注意的是，化学泡沫灭火器不能灭 B 类极性溶剂火灾，因为化学泡沫与有机溶剂接触，泡沫会迅速被吸收，使泡沫很快消失，这样就不能起到灭火的作用。醇、醛、酮、醚、酯等都属于极性溶剂）。

③ 扑救 C 类火灾应选用干粉灭火器、卤代烷型灭火器、二氧化碳灭火器。

④ 扑救 D 类火灾，就我国情况来说，还没有定型的灭火器产品。国外 D 类火灾的灭火器主要有粉装石墨灭火器和灭金属火灾专用干粉灭火器。在国内尚未定型生产的灭火器和灭火剂情况下，可采用干砂或铸铁沫进行灭火。

⑤ 扑救 E 类火灾应选用磷酸铵盐干粉灭火器、卤代烷型灭火器。

⑥ 扑救 F 类火灾应采用空气隔离法，用锅盖等身边的物体立即将燃烧物体盖住，达到隔离空气的效果。如引起大面积火灾，则用泡沫灭火器扑灭。

四、灭火器的使用方法

可手提或肩扛灭火器快速奔赴火场，在距燃烧处 5m 左右，放下灭火器。如在室外，应选择在上风方向喷射。使用的干粉灭火器若是外挂式储压的，操作者应一只手紧握喷枪、另一只手提起储气瓶上的开启提环。如果储气瓶的开启是手轮式的，则向逆时针方向旋开，并旋到最高位置，随即提起灭火器。当干粉喷出后，迅速对准火焰的根部扫射。使用的干粉灭火器若是内置式储气瓶或者是储压式的，操作者应先拔下灭火器按压区侧面上的保险销，然后握住喷射软管前端喷嘴部，另一只手将开启压把压下，打开灭火器进行灭火。有喷射软管的灭火器或储压式灭火器在使用时，一只手应始终压下压把，不能放开，否则会中断喷射。

干粉灭火器扑救可燃、易燃液体火灾时，应对准火焰要部扫射，如果被扑救的液体火灾呈流淌燃烧时，应对准火焰根部由近而远，并左右扫射，直至把火焰全部扑灭。如果可燃液体在容器内燃烧，使用者应对准火焰根部左右晃动扫射，使喷射出的干粉覆盖整个容器开口表面；当火焰被赶出容器时，使用者仍应继续喷射，直至将火焰全部扑灭。在扑救容器内可燃液体火灾时，应注意不能将喷嘴直接对准液面喷射，防止喷流的冲击力使可燃液体溅出而扩大火势，造成灭火困难。如果当可燃液体在金属容器中燃烧时间过长，容器的壁温已高于扑救可燃液体的自燃点，此时极易造成灭火后再复燃的现象，若与泡沫类灭火器联用，则灭火效果更佳。使用干粉灭火器扑救固体可燃物火灾时，应对准燃烧最猛烈处喷射，并上下、左右扫射。如条件许可，使用者可提着灭火器沿着燃烧物的四周边走边喷，使干粉灭火剂均匀地喷在燃烧物的表面，直至将火焰全部扑灭。

五、消防柜管理

① 定点摆放，不能随意挪动。

② 定期对消防柜中的物品进行检查，如有损坏、过期应及时更换，定期巡查消防器材，保证处于完好状态。

③ 定人管理。经常检查消防器材，发现丢失、损坏应立即上报领导及时补充，做到消防柜管理责任到人。

第五节　应急处置

在突发事件中，面对突如其来的生存威胁或环境、资源、财务等安全性受到威胁时，人们为了应对和解除这些危险应掌握的知识和技能称为应急处理技能。

一、火灾事故应急技能要点

① 火场能见度非常低，保持镇静、不盲目行动是安全逃生的重要前提，及时报警，及时扑救，可利用各楼层的消防器材扑灭初期火源。

② 离开房间后一定要随手关上房门，使火焰、浓烟控制在一定的空间内。

③ 因供电系统随时会断电，千万不要乘坐电梯逃生，更不要盲目跳楼，楼层不高的，可用绳子或将床单、窗帘等撕成条状连接起来，紧紧绑扎在门窗栏杆上，顺势滑下逃生。

④ 当通道被火封住，欲逃无路时，可靠近窗户和阳台呼救，同时关紧迎火门窗，用湿毛巾、湿布堵塞门缝，用水淋透房门，防止烟火进入，等待救援。

⑤ 等待救援时应尽量在阳台、窗户等容易被发现的地方等待，靠墙躲避，因为消防人员进入室内救援时，大都是沿墙壁摸索行进的。

⑥ 公共通道平时不要堆放杂物，否则既容易引起火灾，也会妨碍发生火灾时逃生及救援。

⑦ 火势蔓延时，应用湿毛巾或湿衣服遮掩口鼻，放低身体姿势，浅呼吸、快速、有序地从安全出口撤离。尽量避免大声呼喊，防止有毒烟雾吸入呼吸道。逃生无路时，应靠近窗户或阳台，关紧迎火门窗，向外呼救，要保持头脑清醒，千万不要惊慌失措、盲目乱跑。

二、物料泄漏事故应急处理

① 迅速撤离泄漏污染区人员至安全区，并进行隔离，严格限制出入，切断火源。

② 建议应急处理人员戴自给正压式空气呼吸器，穿消防防护服。尽可能切断泄漏源，防止进入下水道、排洪沟等限制性空间。少量泄漏时用活性炭或其他惰性材料吸收，也可以用不燃性分散剂制成的乳液刷洗，洗液稀释后放入废水系统。如果是大量泄漏，则构筑围堤或挖坑收容；用泡沫覆盖，抑制蒸发。

③ 用防爆泵转移至槽车或专用收集器内，回收或运至废物处理场所处置。

④ 迅速将被泄漏液体污染的土壤收集起来，转移到安全地带。对污染地带沿地面加强通风，蒸发残液，排除蒸汽。

⑤ 迅速筑坝，切断受污染水体的流动，并用围栏等限制泄漏液体的扩散。

三、泵阀机械故障应急处理

① 立即切断对应的泵阀电源。

② 立即关闭上下游阀门，通知对应的工段进入设备故障应急预案，如有必要需要启动紧急停车处理。

③ 如果该泵阀有备用，则紧急启动备用泵阀，系统恢复正常运行。

④ 由厂区机修人员或专业电气人员到场对故障进行诊断后，排除故障。

⑤ 机泵维修过程中，做好物料泄漏的防护和处理工作。

四、现场救护

① 将伤员转移到安全地带，昏迷者应置侧卧位，解开领扣，使呼吸通畅。呼吸困难或停止时，立即进行人工呼吸，有条件时给予吸氧。

② 心脏骤停者要立即进行胸外按压。千万不要中途中断，同时送医治疗。

③ 可能有骨折时，不要摇动伤员，切忌按揉伤处。开放性损伤出血者，应立即压迫出血部位。肢体大量出血者，还应捆绑出血部位的上端，减少出血。

④ 高温中暑时，应立即将病人移至阴凉通风处，冷水擦身降温。

第二章

化工单元操作实训

　　化学工程与工艺综合实训是化工专业学生在完成专业基础课程和专业课程后，提升学生工程应用能力的重要教学环节，是实践教学体系的重要组成部分。综合实训对促进学生对专业知识的理解与深度吸收具有很大的积极作用，同时也是培养学生职业意识、职业素养、职业能力的重要环节。本篇根据化工生产的特点介绍常用的典型化工单元操作的原理、操作步骤及对应的实体装置。

　　化学工程与工艺综合实训装置是典型的精细化学品生产装置，适合各类高等院校用于制药和精细化工专业方向教学实训。整套装置包括双釜反应工段、吸附和脱色工段、精馏工段、萃取工段、蒸发浓缩工段、结晶过滤分离工段、干燥工段、包装工段和恒压供水工段九个工段。整套装置既可以进行单工段的操作练习，也可以根据自主研发设计进行多工段联合实训，或者根据工业上产品的工艺流程进行小规模精细化学品、医药中间体等产品的生产。

　　化工实训装置从培养高校学生的实践能力及职业素养需求出发，本着实用性与前瞻性相结合、职业技能培训鉴定与技能训练仿真软件相结合的思想，对工艺过程、动态操作、正在使用的国内先进的 DCS 控制系统进行操作实训，以培养能够适应当前及未来化工企业所需要的各类技术人员，满足化工工业建设与生产的需要。

　　装置 DCS 系统采用正泰中自 PCS1800 分布式控制系统。该系统是一套基于机架式安装、全集成 8/16 路 I/O、高性能、小尺寸、组装便携的中小规模控制系统，其由一台 DCS 机柜（控制模块和 I/O 模块）、六台操作站（DCS 界面）、一套通信网络组成。其中，DCS 机柜可完成数据的采集、运算和控制输出，实现现场控制；操作站可以实现各工段运行过程中温度、压力、液位、pH 值、搅拌机转速的监控以及对现场设备阀门控制操作；通信网络实现 DCS 与实训设备的控制连接。该系统具有高可靠性、开放性、灵活性、协调性和易于维护等特点。

第一节　双釜反应工段操作实训

一、实训目的及意义

反应釜是化工间歇式工艺生产过程中的基本设备。间歇式反应釜是带有搅拌器的槽式反应器，通常指反应物料一次加入，在搅拌下，经过一定时间达到反应要求，反应产物一次卸出，生产为间歇地分批进行，主要用于小批量、多品种的液相反应系统，如制药、染料等化工生产过程。

二、实训内容

将称量好的固体物料通过加料孔加入 R101 反应釜中，打开高位槽 V102 底部 HV104 开始放入液体物料 A，通过液位计计量加入量，滴加结束，关闭 HV104。打开高位槽 V101 底部 HV105 开始放入液体物料 B，通过液位计计量加入量，滴加结束，关闭 HV105。在双釜反应 DCS 界面，打开搅拌，调到合适的搅拌速度。打开 HV110 和 HV112，将反应釜夹套充满水后关闭 HV112。在反应釜加热界面，设定加热温度，开始升温回流。打开 E101 冷凝器的 HV101，当 V103 回流罐能观察到液体时，打开 HV103/106，通过转子流量计 FI102 控制回流流量。反应结束后，打开 HV111/114，将反应釜产品收集到 V105 罐中。打开 HV120，将反应釜塔顶产品收集到 V104 罐中。上述操作完成后，关闭相应阀门。R102 反应釜的操作同 R101 反应釜。

三、实训操作步骤

1. 具体操作步骤

① 反应釜固体投料操作（以 R101 为例，R102 同理）：投固体物料前检查阀门，确认 HV111 是否关闭，HV109 是否打开。选择合适拆卸工具，打开反应釜的固体投料口（大视镜口），将事先称量的固体物料投入反应釜 R101 中。投料完毕，恢复固体加料的投料口（大视镜口），清理加料口及周边卫生。

② 反应釜高位槽液体加料操作（以 R101 为例，R102 同理）：若反应需要滴加液体，则事先要向高位槽 V101/102 加好液体物料，加液体物料前需要确认 HV104/105 是否关闭，其次确认高位槽加料阀 HV107 是否关闭。将液体物料加

入至 V101/102 中，加入过程中，注意观察 V101/102 的液位情况，切记不要超过高位槽的最大液位（液位约占总刻度 2/3～3/4）。

③ 反应釜高位槽的滴加操作（以 R101 为例，R102 同理）：滴加时确认反应釜的压力状态，保证反应釜的压力在常压，确认 HV102 打开。滴加时首先打开 V101 底阀 HV105，之后缓慢打开 HV107 阀门，根据反应的特征和剧烈程度，选择合适的滴加速度（调整 HV107 阀门的开度），滴加过程中注意通过反应釜视镜观察反应釜内液体的滴加状态以及高位槽的液位下降情况。当 V101 液体滴加完毕后，关闭 V101 的底阀 HV105，打开 V102 的底阀 HV104 选择继续滴加。直至滴加完毕，关闭相应阀门。

④ 反应釜的升温回流操作（以 R101 为例，R102 同理）：操作前确认 HV102 是否打开，HV103/106/120 三个阀门是否关闭。确认恒压供水的工段是否正常运行。若正常运行，则关闭 HV113，打开 HV110/112，将 R101 夹套充满循环水，充满水后关闭 HV112。通过反应釜夹套加热，将反应釜升温至所需反应温度。通过 DCS 温度控制界面，输入所需加热温度，开始对反应釜升温。当反应釜塔顶的温度上升至 40℃时，确认打开冷凝器 E101 循环水进口阀门 HV101，升温的过程中，密切观察反应釜各点的温度，回流罐是否有回流液。当回流罐中的回流液达到液位刻度的 2/3 时，打开 HV103/106 两个阀门，此时缓慢打开 FI102 转子流量计自带阀门，选择合适的流量进行回流。

⑤ 反应釜的塔顶采出产品的操作（以 R101 为例，R102 同理）：当回流罐的液体取样合格后，关闭 FI102 转子流量计，打开塔顶采出罐阀门 HV120，采出前确认 HV121 打开，HV122/123 阀门是否关闭。采出时密切关注 V104 的液位。直至 V104 液位不再上升后，停止采出。采出时，需同时关注 R101 的液位，切记不可蒸干！

⑥ 反应釜的釜底出料操作（以 R101 为例，R102 同理）：当反应釜塔顶采出之后，关闭相应的阀门，准备釜底出料。采出前，对反应釜内的物料降温，打开 HV112，缓慢通入循环水对反应釜降温，当反应釜温度到 40℃时，可以采出釜底产品。采出前确认 V105 罐 HV115 是否打开，HV116/117 是否关闭。出料时，打开 HV111 和 HV114，将反应釜产品放入 V105 罐中。釜底出料完毕后关闭相应的阀门，釜底产品出料操作完毕。

2. 反应釜生产记录

生产记录表如表 2-1 所示。

表 2-1 双釜反应器操作记录表

项目	R101 反应釜	R102 反应釜
固体加料量/kg		
釜温/℃		
夹套温度/℃		
搅拌电机转速/(r/min)		
回流时间/min		
高位槽加料量/kg		
釜底出产品量/kg		
塔顶采出量/kg		
液体加入量/kg		

四、异常现象及处理、操作注意事项

1. 异常现象及处理（表 2-2）

表 2-2 异常现象及处理

序号	故障现象	产生原因分析	处理思路	解决办法
1	反应釜液面降低无进料	进料泵停转或进料转子流量计卡住	确认进料管线是否通畅	检查进料泵和管线
2	反应釜内温度越来越低	加热器断电或有漏液现象等	确认加热器是否通电	检查电气线路
3	仪表柜突然断电	有漏电现象或总电源关闭		联系技术人员

2. 操作注意事项

① 反应釜运行过程中，不要随意触摸搅拌电机。在投固体物料时，注意不要接触电机，与其保持一定的距离。

② 反应釜在加热过程中，不要随手触摸夹套外壁，防止烫伤。

③ 反应釜运行结束后，先关闭恒压供水工段的出水阀门 HV905，用软管一端连接循环水下阀门 HV113 或者 HV137，另一段连接排污管线，打开 HV110/112 或者 HV134/136，将夹套高温热水排至污水管。待夹套热水排放结束后，关闭 HV113 或者 HV137，打开 HV110/112 或者 HV134/136 通入循环水降温。

④ 反应釜投固体物料时，拆卸加料孔时注意玻璃视镜，轻拿轻放。投完固体物料，安装加料孔时注意对角紧固。

五、工艺流程图

双釜反应工段的工艺流程图，如图 2-1 所示。

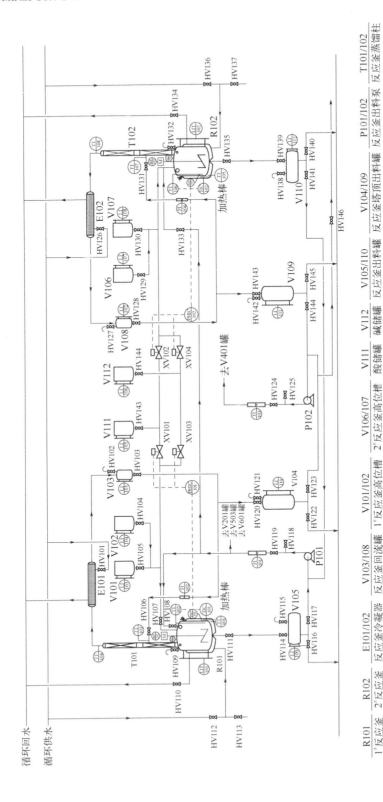

图 2-1 双釜反应工段带控制点的工艺流程图

思考题

反应釜加热前为什么要检查夹套是否充满水？

第二节 吸附脱色工段操作实训

一、实训目的及意义

化工生产过程中，由于反应条件的复杂（高温、高压等），合成的产物经常会产生杂质以及产物有颜色，影响产品的质量，这时往往需要对产物进行吸附和脱色来提升产品的品质。本工段吸附所用的介质为氧化铝，脱色所用的介质为活性炭。

二、实训内容

来自双釜反应工段的反应釜产品通过 P101 泵转移至 V201 罐中，打开 HV207/208，开启 P201 泵，通过 HV205 控制进料流量 FI201，物料进入 T201 和 T202 进行吸附和脱色，最终的产品收集于 V202 罐中，操作结束后关闭相应阀门（也可以通过阀门切换，单独进行吸附或者脱色）。

三、实训操作步骤

1. 接收来自双釜反应工段 V105 和 V110 产品的操作

① 接收前检查：检查脱色原料罐 V201 液位是否为空，接收阀门 HV201 和放空阀 HV202 是否打开，以及底阀 HV204 和排污阀 HV203 是否关闭。

② 打开双釜反应工段反应釜出料泵 P101，通过调节 HV119 阀门开度，选择合适的转子流量计进料流量，向脱色原料罐 V201 内进料。

③ 通过观察脱色原料罐的液位，进料量为罐液位刻度的 2/3～3/4，停止进料。关闭泵 P101，关闭进料阀门 HV201，脱色原料罐的进料完毕。

④ 若一次转移储罐体积无法容纳，可分批向 V201 罐转移（必须等 V201 罐为空）或者进行连续运行转移，此时注意进料流量与吸附脱色进料流量调整到合适的比例。

2. 吸附操作

① 操作前的阀门检查：检查原料罐的放空阀 HV202 和底阀 HV204 是否打开，排污阀 HV203 是否关闭，进吸附柱的阀门 HV207 和出吸附柱阀门 HV209 是否打开，HV206 和 HV208 是否关闭。进脱色出料罐 V202 的阀门 HV210 和放空阀 HV211 是否打开，以及脱色出料罐 V202 底阀 HV213 和排污阀 HV212 是否关闭。

② 吸附操作：开启脱色进料泵 P201，调节进料的玻璃转子流量计的阀门 HV205，控制进料流量。吸附时，密切关注泵出口压力 PIT201，进料流量 FI201，料液的温度 TT201 以及吸附柱出口的压力 PIT202，料液经过吸附柱、过滤器，最终吸附后的液体收集于脱色出料罐 V202 中。

③ 完成吸附操作后，关闭进料泵 P201，关闭以上所有阀门。

3. 脱色操作

① 操作前的阀门检查：检查原料罐的放空阀 HV202 和底阀 HV204 是否打开，排污阀 HV203 是否关闭，进脱色柱的阀门 HV206 是否打开，HV207、HV208 和 HV209 是否关闭。进脱色出料罐 V202 的阀门 HV210 和放空阀 HV211 是否打开，以及脱色出料罐 V202 底阀 HV213 和排污阀 HV212 是否关闭。

② 脱色操作：开启泵 P201，调节进料的玻璃转子流量计的阀门 HV205，控制进料流量。脱色时，密切关注泵出口压力 PIT201，进料流量 FI201，料液的温度 TT201。料液经过脱色柱、过滤器，最终脱色后的液体收集于脱色出料罐 V202 中。

③ 完成脱色操作后，关闭泵 P201，关闭以上所有阀门。

4. 吸附脱色串联操作

① 操作前的阀门检查：检查原料罐的放空阀 HV202 和底阀 HV204 是否打开，排污阀 HV203 是否关闭，进吸附柱的阀门 HV207 是否打开，出吸附柱阀门 HV208 是否打开，而确认阀门 HV206/209 是否关闭。HV210 和 HV211 是否打开，以及脱色出料罐 V202 底阀 HV213 和排污阀 HV212 是否关闭。

② 吸附脱色串联操作：开启泵 P201，调节进料的玻璃转子流量计的阀门 HV205，控制进料流量。料液进入吸附柱吸附、脱色柱脱色以及过滤器后最终液体收集于脱色出料罐 V202 中，在吸附脱色过程中密切关注泵出口压力 PIT201，进料流量 FI201，料液的温度 TT201 以及吸附柱出口压力 PIT202 变化，确认是否在合适的范围内。

四、异常现象及处理、操作注意事项

1. 异常现象及处理（表2-3）

表 2-3　异常现象及处理

序号	故障现象	产生原因分析	处理思路	解决办法
1	转子流量计不显示流量	泵出现故障 流量计堵塞		检查泵和流量计
2	脱色出料罐无液体	吸附柱或脱色柱或 过滤器堵塞	打开柱体找原因	更换或者清洗填料
3	出口物料颜色深	吸附柱填料问题		更换吸附柱填料

2. 操作注意事项

① 工段运行过程中，注意吸附柱和脱色柱的压力变化。压力升高时，关闭进料泵 P201，将放空阀门打开，待脱色柱和吸附柱压力降至常压后，再继续操作。

② 进料泵 P201 和出料泵 P202 运行过程中，注意勿将手靠近泵体，防止发生机械伤害。

五、工艺流程图

吸附脱色工段的工艺流程图，如图 2-2 所示。

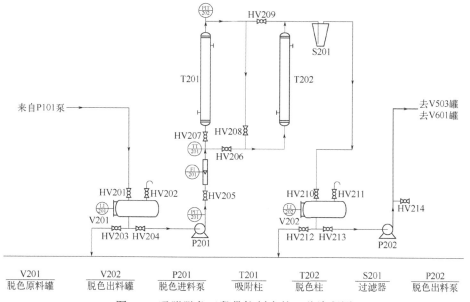

图 2-2　吸附脱色工段带控制点的工艺流程图

 思考题

吸附脱色工段中，吸附所用的介质是什么？脱色所用的介质是什么？

第三节　精馏工段操作实训

一、实训目的及意义

精馏是化工生产中最常见的提纯方法。本工段精馏塔采用的是填料精馏，精馏原料来自于双釜反应工段产物，通过精馏塔内填料表面气、液两相的直接接触，使易挥发组分由液相向气相传递，难挥发组分由气相向液相传递，气、液两相之间发生质量传递过程。最终，由塔顶得到易挥发组分含量较高的溶液 A，由塔底得到难挥发组分含量较高的溶液 B。

精馏操作的原料液一般为轻相与重相组成的混合液，塔顶馏出液为高纯度的轻组分产品，塔釜残液主要是重组分产品。

二、实训内容

原料液可从双釜反应工段经阀门 HV146（或来自其他工段），通过进料泵 P301，进入填料精馏塔 T301 进行轻重组分的分离。塔釜用电加热棒加热，加热功率由 TIC301 控制。塔釜内的原料液经加热沸腾后所产生的蒸汽，经过塔顶冷凝器 E301 冷凝，冷却后流入回流罐 V301。运行初期，采用全回流操作，让回流罐内的产品尽快达到预期要求。取样合格后，从大到小调节回流比，部分产品进行采出。

全回流操作时，冷凝液由回流泵 P302 输送，经转子流量计 FI302 回流至填料精馏塔 T301 内。部分回流操作时，冷凝液一部分经过回流泵 P302 输送，经转子流量计 FI302 回流至精馏塔 T301 内；另一部分由回流泵 P302 输送，经转子流量计 FI303 输送到塔顶出料罐 V302 中。进行全回流操作时，无需控制流量计旋钮，将转子流量计 FI302 的旋钮开至最大，流量由蠕动泵经 DCS 系统控制转速，从而控制流量。部分回流时，将转子流量计 FI302 的旋钮开至最大，同时调节采出流量计 FI303 的旋钮，将回流比控制在一定范围内。

三、实训操作步骤

1. 精馏前准备工作

① 冷凝系统水量及回流温度调节

检查精馏塔塔顶冷凝器冷却水管路是否正常，打开冷却水进口流量调节阀 HV302，检查水流量是否达到精馏要求（储罐压力不小于 100kPa）。检查回流液压力传感器是否正常，在 DCS 界面上压力显示是否正确。

② 进料流量的调节

接收来自双釜反应工段 V104/109 罐的料液，打开进料泵 P301 进口阀门 HV146、打开进料泵 P301 出口阀门 HV301、放空阀 HV305，关闭其他所有阀门。

通过 DCS 设置蠕动泵转速，启动进料泵 P301，将进料流量调整到合适的值，接收来自双釜反应工段的 V104/109 料液转移至填料精馏塔塔中。

密切关注塔釜液位，进料量占塔釜液位 2/3~3/4（约 300mm）。若液位达到，则停止进料。待精馏结束或精馏的采出稳定后连续进料。完成一次进料后，关闭进口阀门 HV146、出口阀门 HV301 和转子流量计 FI301 自带阀门。

2. 精馏工段开车操作

① 打开计算机，双击屏幕桌面上的"工程管理器"图标进入，登录系统，进入精馏工段 DCS 界面。

② 打开塔釜温度加热控制界面，通过 TIC301 的温度控制对塔釜进行加热，在 PID 加热控制界面调至自动，输入所要加热的温度值，对塔釜的液体进行加热。加热过程中通过 DCS 界面密切关注塔釜温度 TT307、塔压力 PIT302、精馏塔温度 TT304/305/306、塔压力 PIT301 的变化。

③ 待精馏塔塔釜温度 TT306 达到 70℃时，打开冷却水入口阀门 HV302，接通塔顶冷凝器 E301，使蒸汽冷凝为液体，流入塔顶回流罐 V301 中。

④ 通过塔釜上方和塔顶的观测段，观察液体加热情况，直至液体开始沸腾。

⑤ 当塔顶回流罐 V301 有冷凝液流入时，打开 P302，通过控制泵的转速，使回流罐液位稳定在一定的值，进行全回流操作。

⑥ 待样品取样分析后，打开塔顶出料罐 V302 放空阀 HV307 和采出流量计的自带阀门，调整采出流量 FI303 为 2~5L/h，使回流流量 FI302 为 5~10L/h，调到合适的回流比，进行采出塔顶产品。

⑦ 当运行一段时间后，对塔釜内重相进行取样。塔釜中的产品取样合格

后，塔釜中的液体一部分继续维持上升蒸汽的产生，另一部分控制阀门 HV313 的开度，采出塔釜产品进入 V303 中。

3. 精馏装置停车操作技能训练

以部分回流操作为例。

① 首先关闭塔顶出料泵，逐渐关闭塔釜加热器。

② 注意观察塔内情况，待塔顶回流罐 V301 没有冷凝液流入时，关闭泵 P302。

③ 观察到没有蒸汽上升时，关闭冷却水入口阀门 HV302，切断塔顶冷凝器 E301 的冷却水。

④ 关闭仪表柜总电源，退出软件，关闭计算机。

⑤ 清理装置，打扫卫生，一切复原。

四、异常现象及处理、操作注意事项

1. 异常现象及处理（表 2-4）

表 2-4 异常现象及处理

序号	故障现象	产生原因分析	处理思路	解决办法
1	精馏塔无进料液体	泵出故障、流量计卡住、管路堵塞	检查管路、泵和转子流量计	
2	精馏塔液泛	加热温度设置过高	降低加热温度	
3	设备断电	设备漏电、总开关跳闸	检查电路	
4	精馏塔无上升蒸汽	加热棒坏了	检查加热棒	联系技术人员
5	塔顶温度升高	冷却水未开、出料量过大	检查冷却水和出料泵	
6	塔顶回流罐液位升高	回流和采出流量失调	检查采出流量计、回流流量计和回流泵	

2. 操作注意事项

① 精馏塔进料时，注意观察塔釜的液位，每次进料必须达到 300mm 以上的液位才能加热，防止加热棒干烧，以免发生危险。

② 精馏塔塔体与蒸汽上升段温度较高，勿用手触摸，防止烫伤。

③ 塔釜产品出料泵如果在运行中，不要徒手触摸泵体，防止发生危险。

五、工艺流程图

精馏工段的工艺流程图，如图 2-3 所示。

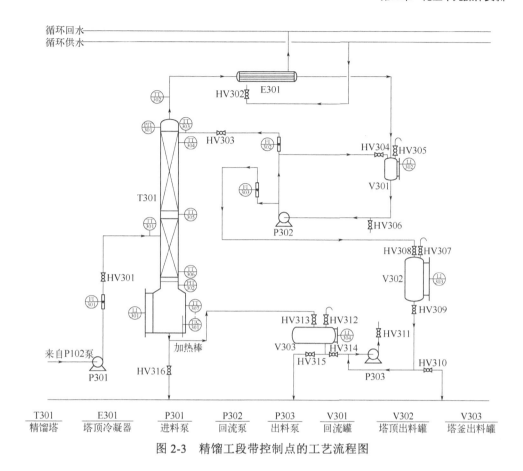

| T301 | E301 | P301 | P302 | P303 | V301 | V302 | V303 |
| 精馏塔 | 塔顶冷凝器 | 进料泵 | 回流泵 | 出料泵 | 回流罐 | 塔顶出料罐 | 塔釜出料罐 |

图 2-3　精馏工段带控制点的工艺流程图

思考题

塔釜液位需要控制在什么范围方可开始加热？

第四节　萃取工段操作实训

一、实训目的及意义

液液萃取作为分离和提纯物质的重要单元操作之一，在石油化工、生物化工、精细化工等领域得到广泛应用。对于液体混合物的分离，除可采用蒸馏方法外，还可采用萃取方法。通过在液体混合物（原料液）中加入一种与其基本不相混溶的液体作为溶剂，利用原料液中的各组分在溶剂中溶解度的差异来分离液体混合物，此操作即液-液萃取（简称萃取）。

二、实训内容

来自双釜反应工段的塔顶产品通过 P102 泵转移至轻相原料罐 V401 中，调节合适的电机转速，将重相液体加入 V402 中，打开 HV422，通过 P402 泵将重相原料加入 T401 萃取塔中，当重相液位达到萃取塔 2/3 时，打开 HV405，通过 P401 泵将轻相物料加入 T401 萃取塔中，通过两相液液传质，萃余相收集于 V404 中，重相产品收集于 V405 中。运行结束后关闭相应阀门。

三、实训操作步骤

① 接收来自双釜反应工段 V104 和 V109 产生的轻组分产品，转移至轻相原料罐 V401 中备用。操作前，确认放空阀门 HV408/412/417/419 打开，其他阀门关闭。

② 打开重相进料管线上的所有阀门 HV422/424，将流量计旋钮调至最大，在 DCS 界面启动重相泵 P402 后，设置电流为 7～8mA，此时流量为 15～22L，注意当塔内重相液位达到扩充段时，将电流减小到 6～7mA，此时流量减小至 10～16L/h 并保持。

③ 打开轻相进料管线上的所有阀门 HV403/405，将流量计旋钮调至最大，在 DCS 界面启动轻相泵 P401 后，将电流调为 5～6mA 之间，控制轻相流量 5～10L/h。

④ 启动调速电机开关（按下绿色按钮），将电机转速调整到合适的值（一般为 50～400r/min），打开 HV415，调节重相出口阀门 HV414 至塔内轻相重相分液面恒定在某一高度，观察萃取塔内液滴分散情况及液体流动状态。

⑤ 此时塔顶轻相液位逐渐上升，待其升高到塔顶后进入轻相分相罐 V403，在 V403 中少量重相逐渐聚集到罐底部，轻相液面上升，超过溢流口后，流入轻相产品罐 V404。同时重相从塔底以一定速率流入重相产品罐 V405 中。

⑥ 维持稳定传质状态 30min，分别从塔底轻相取样口（原料液取样口）、塔顶轻相取样口（萃余相取样口）、萃取相取样口取样，用滴定分析法测定分析。

⑦ 改变电机的转速和进料的流量，观察萃取塔内液滴分散情况及液体流动状态，并对不同转速下液滴分散状态进行比较，获得最直接的感性认识。

⑧ 运行结束后，关停轻相泵 P401、重相泵 P402 停止进料，再关闭 HV405 和 HV424，再关停调速电机，最后切断总电源。如有需要，可打开 HV413，排尽塔内剩余的液体。

⑨ 做好生产收尾工作，保持装置和分析仪器干净整洁，一切恢复原始状态。滴定分析后的废液集中存放和回收。

四、异常现象及处理、操作注意事项

1. 异常现象及处理（表2-5）

表 2-5　异常现象及处理

序号	故障现象	产生原因分析	处理思路	解决办法
1	重相无液体流动	输水管路堵塞、蠕动泵不工作	检查蠕动泵及管路	
2	油水界面升高	出水管路堵塞或 HV414 开度过小	检查管路	调大 HV414 开度
3	筛板不运动	电机损坏	检查萃取塔和电机	
4	设备突然停止，仪表柜断电	停电或设备有漏电地方	仪表柜电路有故障	找技术人员解决

2. 操作注意事项

① 萃取运行过程中，注意不要将手靠近萃取塔电机，防止机械弄伤。

② 加重相原料时，注意接收罐的液位，防止加满溢出。

③ 做有机溶剂的萃取时，检测分析的废液要统一收集排放，切不可倒至排污管道中，污染环境。

五、工艺流程图

萃取工段的工艺流程图，如图 2-4 所示。

 思考题

萃取结束后，萃取剂应如何处理？

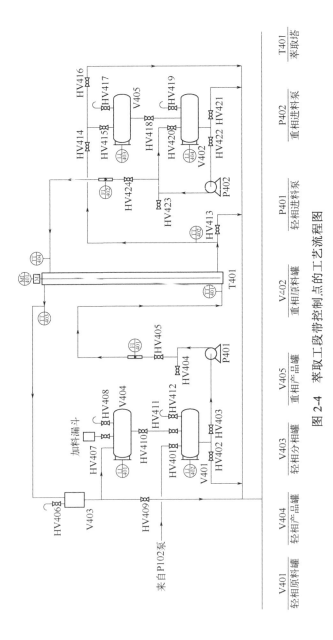

图 2-4 萃取工段带控制点的工艺流程图

第五节 蒸发浓缩工段操作实训

一、实训目的及意义

在化工、制药、食品等许多行业的生产过程中，常常需要使用蒸发操作，通过将溶有固体溶质的稀溶液浓缩，以达到符合工艺要求的浓度，或析出固体产品，或回收汽化出来的溶剂。蒸发可使含有不挥发溶质的溶液沸腾汽化并移出蒸汽，从而使溶液中溶质浓度提高。

二、实训内容

来自双釜反应工段反应釜产品通过 P101 泵、来自吸附脱色工段的产品通过 P202 泵转移至 V503 罐中。打开 HV521，将蒸汽发生器水位补充到合适的液位，开启蒸汽发生器，设定合适的压力，当 V501 分汽包中的蒸汽压力到预定值，打开 HV514/515，蒸汽进入 T501 降膜蒸发器壳程，当蒸汽进出口温度接近时，关闭 HV515。打开 HV509，开启 P501 泵，调整进料流量至合适的范围，打开 E501 的循环水进水阀 HV519，当 V502 气液分离器中有气体和液体时，打开 HV507，反复蒸发浓缩。取样分析，当浓缩液产品合格后，关闭 HV507，打开 HV601，蒸发浓缩的产品收集于 V601 母液罐中。运行结束、关闭相应阀门。

三、实训操作步骤

1. 开车前准备

① 相关操作人员对本装置所有设备、管道、阀门、仪表、电气等按工艺流程图要求和专业技术要求进行检查。

② 检查所有仪表是否处于正常状态。

③ 检查所有设备是否处于正常状态。

④ 检查外部供电系统，确保控制柜上所有开关均处于关闭状态。

⑤ 开启总电源开关。

⑥ 打开控制柜上空气开关。

⑦ 接收来自双釜反应工段或吸附脱色工段的原始料液，具体操作如下。

若双釜反应工段釜内的产品需要蒸发浓缩，双釜反应工段产生的产品收集于 V104/109 中，确认 V503 为空或者具备接收状态，打开 P101 泵，调节 HV119，将物料转移至 V503 中，注意 V503 的液位状况。转移完成后，关闭相对应的阀门。若吸附脱色工段产生的产品需要蒸发浓缩，则需要将 V202 中的物料转移至 V503 中，首先确认 V202 的 HV211/213 为开启状态，V503 的 HV504/505/506 为打开状态，开启 P202，将物料转移至 V503 中，转移时注意观察 V503 的液位情况。转移结束，关闭相对应的阀门。

2. 开车

① 检查蒸汽发生器 S501 内液位是否正常，并保持其正常液位。

② 开启蒸汽发生器 S501，通过压力定值器设定蒸汽压力低于 0.4MPa，调节减压阀，调整蒸汽发生器的蒸汽到分汽包 V501 所需的压力，待分汽包中的压力达到所需温度的压力时，打开分汽包到降膜蒸发器的阀门 HV514，蒸汽进入 T501 中。蒸汽进入降膜蒸发器中温度逐渐上升，此时可以打开 HV515，让蒸汽在壳程中充分预热，待蒸汽出口温度与进口温度接近时，关闭 HV515。

③ 保证蒸汽进口压力，温度稳定在 120～140℃，开始进料。

④ 打开阀门 HV509、HV511、HV506，启动进料泵 P501（接收来自双釜反应工段或吸附脱色工段的料液到原料罐 V503），向系统内进料液，当料液出口温度达到 60℃时，开启 HV519。

⑤ 当气液分离器 V502 内液位达到 1/3 时，注意排放液体进入母液罐 V601 中。当系统压力偏高时，可通过气液分离器放空阀门 HV516，适当排放不凝性气体。

⑥ 当系统稳定（蒸汽温度稳定）时，取样分析产品和冷凝液的纯度，当产品达到要求时，采出产品和冷凝液；当产品纯度不符合要求时，通过气液分离器循环阀门 HV507，原料继续蒸发，当取样合格，关闭 HV507，打开 HV601，产品收集于 V601 中（注意：通过降低进料流量、提高蒸汽温度等方法，可以得到高纯度的产品；反之，纯度低）。

⑦ 调整系统各工艺参数，建立平衡体系。

3. 停车操作

① 系统停止进料，关闭原料泵进、出口阀门，停进料泵 P501。

② 当气液分离器 V502 液位无变化、无冷凝液馏出后，关闭 HV519，停冷却水。

③ 停止蒸汽发生器 S501 加热系统。

④ 当气液分离器 V502 内的液位排放完时，关闭相应阀门。

⑤ 关闭控制台、仪表盘电源。

⑥ 做好设备及现场的整理工作。

四、异常现象及处理、操作注意事项

1. 异常现象及处理（表 2-6）

表 2-6　异常现象及处理

序号	异常现象	原因	处理方法
1	蒸发器内压力偏高	蒸发器内不凝气体集聚或冷凝液集聚	排放不凝气体或冷凝液
2	换热器发生振动	冷流体或热流体流量过大	调节冷流体或热流体流量
3	产品纯度偏低	蒸汽温度偏低或进料流量过大	调整蒸汽压力或降低原料进料流量

2. 操作注意事项

① 系统采用自来水作试漏检验时，加水速度应缓慢，同时注意排气阀应打开，密切监视系统压力，严禁超压。

② 塔顶冷凝器的冷却水流量应保持在 400～600L/h，保证出冷凝器塔顶液相在 30～40℃、塔底冷凝器产品出口保持在 40～50℃。

③ 系统运行过程中，注意局部管道的温度过高，防止烫伤。

④ 操作蒸汽发生器时，开启前设定蒸汽发生器的压力，不可超过 0.4MPa。运行过程中注意观察水箱的液位、蒸汽压力、温度报警，如果发现异常，立即停止蒸汽发生器，找专业人员检查维修。

⑤ 分汽包中的压力超压时，注意打开放空阀门泄压，开始阀门开度应较小，逐渐增大。开启后，人员远离放空口，防止高温喷溅，造成烫伤。

五、工艺流程图

蒸发浓缩工段的工艺流程图，如图 2-5 所示。

 思考题

开启前设定蒸汽发生器的压力，不可超过多大压力，运行过程中需要注意哪些事项？

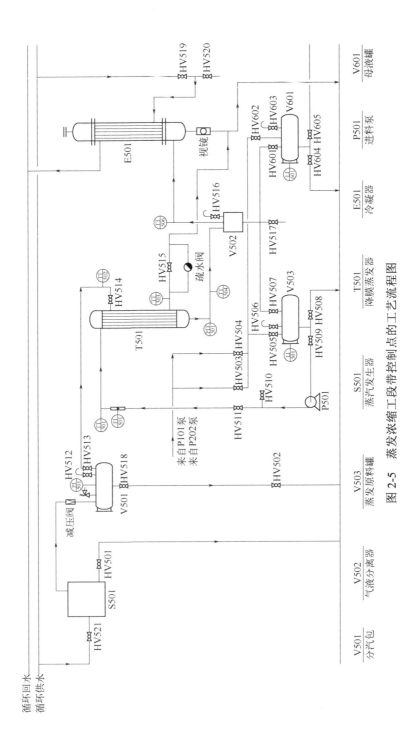

图 2-5 蒸发浓缩工段带控制点的工艺流程图

第六节 结晶过滤工段操作实训

一、实训目的及意义

降温结晶是化工生产中常见的提纯方式。固液混合物分离的方式有很多，常见的有离心机分离、板框过滤机分离、压滤机分离等。本工段可根据物料的性质选择板框过滤机分离和离心机分离，从而达到进一步分离提纯的目的。

二、实训内容

来自蒸发浓缩的产品收集在 V601 中，打开 R601 结晶釜夹套进、出水阀 HV614/609，打开 DCS 结晶过滤工段的界面，打开 MT601，调整合适的搅拌速度。打开 HV605/607/611，打开 P601 泵，将母液罐产品转移至结晶釜 R601 中，降温结晶。若选择板框过滤机分离，则将板框过滤机滤布等准备好，开启 S601，设定需要过滤的压力，打开 HV610，打开 HV616/617，过滤滤液进入 V602。打开 HV615/618，清洗滤饼。结束后，拆板框过滤机，得到湿产品。若选择离心机分离，装好离心机的滤布，关好离心机。打开 DCS 结晶分离界面，打开 MT602，调整到合适的转速，打开 HV613 离心分离，分离滤液进入 V602。分离结束，打开离心机得到湿产品。运行结束关闭相应阀门。

三、实训操作步骤

1. 开车前准备工作

① 了解两种过滤器的基本原理（板框过滤机和离心机）。
② 熟悉板框过滤机和离心机。
③ 学会物料结晶过程中的操作。
④ 检查公用工程（水、电）是否处于正常供应状态。
⑤ 检查流程中各阀门是否处于正常开车状态。
⑥ 开启电源，准备设备试车。

2. 结晶反应釜结晶过程的操作

① 若双釜反应工段釜底的产品可直接分离，则需要将 V105/V110 中的产品转移至 V601，具体操作：确认 HV115、HV138、HV117、HV141 打开，HV503、HV602、HV603 确认打开，启动 P101 泵，通过调节 HV119，控制转移的流量，

转移物料时注意 V601 的液位以及 P101 不能空转（时刻关注 V105/V110 的液位，不能为 0），转移结束后关闭相关阀门。若无法完成一次接收，可选择分批转移。

② 若吸附脱色工段的产品可直接固液分离，则需要将 V202 的产品转移至 V601 中，具体操作：确认 HV211、HV213、HV504、HV602、HV603 是否打开，启动 P202，将 V202 中的液体转移至 V601 中，转移时，要密切关注 V202 液位是否为 0 以及 V601 的液位是否已经超出液位，转移结束后关闭相关阀门。若一次接收不下，可选择分批转移。

③ 若蒸发浓缩后的母液产品需要分离，则蒸发浓缩工段的产品收集到 V601 中。注意接收时 V601 的液位情况。

④ 接收来自双釜反应工段/吸附脱色工段/蒸发浓缩工段的母液，并将母液收集在 V601 中。

⑤ 将收集的母液转移到 R601 中，具体操作：确认 HV603、HV605、HV607、HV611、HV612 是否打开，打开 P601 泵，将 V601 中的液体转移至结晶釜中，转移时注意观察结晶釜的液位，若液位值超出高报值则停止转移。待分离结束后，进行下一次结晶转移。转移结束后关闭以上相关阀门。

⑥ 确认恒压供水工段已经开启且正常运行后，打开夹套循环水的出水阀门 HV609，打开夹套循环水进水阀门 HV614，开启夹套循环水，对反应釜进行降温。

⑦ 通过控制夹套冷凝水的温度，控制反应釜内母液的结晶状态。操作过程中要时刻观察反应釜内温度 TT601 的变化情况，通过改变夹套进出水阀门来控制夹套循环水的流速，从而控制釜内的温度 TT601。通过视镜观察反应釜内的晶体的状态，从而完成母液的晶体析出。

3. 板框过滤机的过滤操作

① 系统接上电源，打开搅拌器电源开关，启动电动搅拌器。将结晶釜 R601 内浆液搅拌均匀。

② 板框过滤机板、框排列顺序为固定头—非洗涤板—框—洗涤板—框—非洗涤板—框—洗涤板—可动头。

③ 用压紧装置压紧后待用。过滤板与框之间的密封垫应注意放正，过滤板与框的滤液进出口对齐，滤纸放好。用摇柄把过滤设备压紧，以免漏液。

④ 启动空压机 S601，调节减压阀使压力表 PIT601 达到规定值（0.1MPa、0.2MPa、0.3MPa），压力设定不得超过 0.4MPa。

⑤ 待压力表 PIT601 稳定后，打开过滤出口阀门 HV616 过滤开始。

⑥ 打开阀门使压力表 PI602 指示值下降。开启压紧装置卸下过滤框内的滤饼，将滤饼收集到专用的容器中，滤液收集到滤液罐 V602 中。

⑦ 重复②~⑥的步骤，把结晶釜内的物料过滤完毕。

⑧ 每组实验结束后应通过公用工程的循环水管道中的清水对滤饼进行洗涤，测定洗涤时间和洗水量，洗涤后的滤饼收集好待转移到下一步干燥工段。

4. 离心机的分离操作

① 通电运行前，应先进行下列各部分检查。

a. 松开制动手柄，用手转动转鼓，看有无咬死或卡住现象。

b. 制动手柄，制动是否灵活可靠。

c. 电动机部位各连接螺丝是否紧固，将三角带调整到适当的松紧度。

d. 检查离心机是否松动。

e. 将滤布铺设到位，放好。

② 检查以上各部分正常，才可通电空运行，转鼓旋转方向必须符合方向指示牌的转向（从上向下看必须是顺时针方向旋转），严禁反方向旋转。

③ 打开阀门 HV613，将物料经放料管线放入转鼓内，注意通过视镜观察离心机的分离情况，根据观察调整离心机的转速，注意离心机一次装入物料的重量不得超过 2kg。

④ 脱水结束，应先切断电源，再操纵制动手柄，缓慢制动，一般在 30s 以内。切勿急刹车，以免机件受损，转鼓未全停止勿用手接触转鼓。

⑤ 转移物料至固定袋中，进入下一步干燥工段。

⑥ 重复离心操作，直至将结晶釜内的物料离心完毕。

⑦ 维护及保养

a. 离心机必须由专人负责操作，不得随意增加装料限量，操作时注意检查旋转方向是否正确。

b. 不得随意增加离心机转速，在使用 6 个月后，必须进行一次全面保养。

c. 对转鼓部位及轴承清洗，并加注润滑油。

d. 经常检查离心机各部位的紧固件是否松动。

四、异常现象及处理、操作注意事项

1. 异常现象及处理（表 2-7）

表 2-7　异常现象及处理

序号	异常现象	原因	处理方法
1	结晶釜温度过高	循环水的温度偏高	水罐换水
2	离心机不工作	电机损坏、停电	找电工维修
3	结晶釜无法进料	P601 泵故障	找电工维修

2. 操作注意事项

① 结晶釜在运行过程中，设定合适的搅拌速度，不宜过大。运行过程中，人员应远离电机，防止发生危险。

② 若需要进行板框过滤机分离，运行时注意反应釜压力，压力不得超过 0.4MPa。如果出现压力持续升高，则停止压滤，将压力卸除后方可继续操作。

③ 使用空压机时，注意空压机悬停按钮的开关，要按照要求开关。空压机开启时，注意减压阀门的使用，调整到所需压滤的压力不得超过 0.4MPa。

④ 选择离心机分离时，开启离心机前，一定要关好离心机盖才能启动离心机；离心机启动时，先设定较小的转速，逐渐增大转速。切忌直接调整到最大的转速，以防发生危险。离心机运行过程中，注意不要触碰电机，防止漏电情况发生。

五、工艺流程图

结晶过滤工段的工艺流程图，如图 2-6 所示。

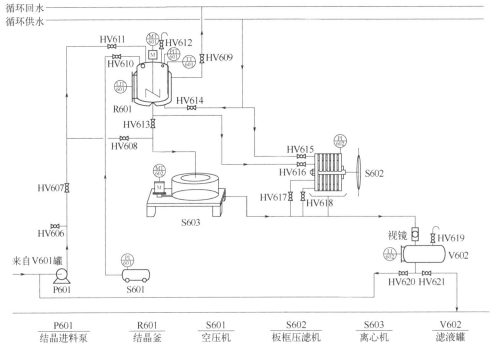

图 2-6　结晶过滤分离工段带控制点流程图

思考题

离心机分离脱水结束后正确的操作步骤是什么？

第七节 干燥工段操作实训

一、实训目的及意义

化工生产中常用的干燥方式有很多，其中流化床干燥是效率比较高的方式之一。标准的流化床设备由均压箱、流化段、扩大段三部分组成。经过换热器加热后的热气流在穿过产品并使之均匀流化的同时，与床内的湿物料进行热质交换并且蒸发溶剂，被夹带的颗粒在扩大段与气流分离，重新沉降到流化段，尾气进入旋风分离器进行净化，干燥后的成品由排料口排出流化床。

二、实训内容

来自结晶过滤工段的湿产品，投进 S701 加料漏斗中。打开 HV702，现场调节风机 P701 转速，将物料投入到流化床干燥器 T701 中，加料后关闭 P701 和 HV702。关闭 HV704/705，打开 706，通过 DCS 干燥界面开启 P701/702，在 DCS 干燥界面中输入干燥风量，通过视镜观察干燥器里物料的流化状态，并调整到合适的风量，同样打开空气加热器的界面，设定干燥温度，进行干燥。当取样合格后，打开 HV703，将干燥好的物料放入布袋中。运行结束关闭相应阀门。

三、实训操作步骤

① 准备好上一工段结晶过滤工段的湿物料，在加料前将物料混合均匀，转移至加料漏斗 S701 中，现场开启风机 P701，调节转速。对流化床干燥器进行加料，将需干燥的物料加入流化床干燥器 T701 中。（若一次物料转移不下，则等待下一批干燥）。

② 在 DCS 界面开启鼓风机 P702 电源开关和引风机 P703 电源开关，启动鼓风机和引风机，关闭阀门 HV704、HV705，打开 HV706。

③ 调节风量。

a. 观察流化床干燥器里物料的流动状态,设置合适的流体风量。

b. 风量控制设置:在 DCS 界面上,风量设定值为 30～600m³/h 之间,控制系统会调节 XPV701 的开度,自动控制风量大小。

④ 调节床层温度。

a. 启动空气加热器的电加热棒:在 DCS 界面上按下"电加热棒的电源"启动按钮,启动电加热棒。

b. 床层温度调节:在 DCS 界面"床层温度自动控制仪"上设置床层温度,设定值为 30～70℃,"床层温度自动控制仪"会自动控制电加热棒的功率大小来控制床层温度。

c. 干燥过程中,如果整个系统内的湿度太大,打开 HV704 和 HV705 阀门,与外界大气进行换气,将系统内的潮湿气体排出系统之外,这样整个系统的干燥速率会加快。

⑤ 取样分析。准备取样容器,每隔 5min 打开 HV703 进行取样,取样后用水分分析仪分析水分,并记录结果。

⑥ 干燥过程。

a. 床层温度达到 50～60℃后,启动秒表,每隔 5min,打开阀门 HV703,取样放到干燥器皿中,把干燥器皿编号,用水分分析仪分析水分,并记录结果。

b. 通过床层的视镜观察床层内的物料干燥的状态,当干燥塔内的物料呈液体漂浮的状态,且连续 3 次取样后水分含量不变化时,干燥完成。

⑦ 卸料。打开干燥器右端的卸料阀 HV703,把床层上的干燥物料从卸料阀卸到产品布袋,完成本工段的操作。

四、异常现象及处理、操作注意事项

1. 异常现象及处理(表 2-8)

表 2-8　异常现象及处理

序号	异常现象	原因	处理方法
1	干燥温度降低	空气加热器坏	找电工维修
2	风量降低	鼓风机、引风机坏	找电工维修

2．操作注意事项

① 干燥固体投料时，注意星型加料泵的使用，调整合适的速度，如果发生堵塞，确定断电后，才能疏通。切忌未停加料泵就进行疏通，以防有机械损伤危险。

② 鼓风机、引风机开启之前，将入口与进口蝶阀都开启一定角度，切忌不开蝶阀就启动泵，以防造成泵的损伤。启动时，注意不要随意触摸泵体，防止发生危险。

③ 空气加热器的温度不能超过120℃，否则会造成U型加热棒烧坏；空气加热的同时注意空气加热器外侧温度较高，不要触摸，防止烫伤。

④ 投固体料和出料时注意做好个人防护，戴好呼吸面罩，防止粉尘。

五、工艺流程图

干燥工段的工艺流程图，如图2-7所示。

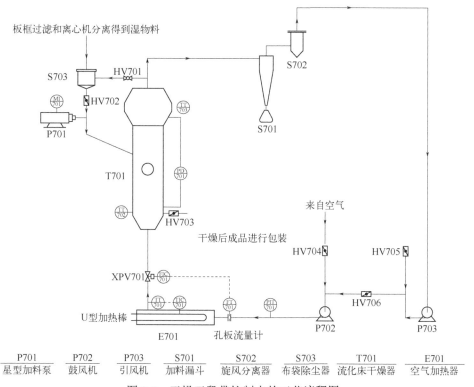

图2-7 干燥工段带控制点的工艺流程图

 思考题

为什么鼓风机、引风机开启之前，将入口与进口蝶阀都打开？

第八节 恒压供水工段操作实训

一、实训目的及意义

本工段确保双釜反应、精馏、蒸发浓缩、结晶过滤四个工段的设备冷却用循环水的压力、温度正常，使整个系统平稳运行。

二、实训内容

本工段负责 1 台型号为 CDLF2-70 的高压泵的操作及储水罐 V901 和恒压水罐 V902 设备维护。

三、实训操作步骤

1. 开车前准备工作

① 检查储水罐 V901 的液位是否符合正常水位。

② 打开高压水泵 P901 的入口阀门 HV902（阀门全开），关闭恒压水罐出口阀门 HV905，关闭排空阀 HV904。

③ 检查高压泵 P901 完好情况。地脚螺栓紧固，接地线应完好，设备周围无杂物及人。

④ 检查恒压水罐的放空阀门 HV904 是否关闭。

⑤ 检查控制仪器、仪表是否完好。

⑥ 检查合格，一切准备就绪后，由电柜箱向该工段送电。

2. 正常开车操作

① 送电以后，该工段的现场操作面板的电源指示灯会亮起，将泵的启动旋钮指向手动，则现场手动开启高压泵 P901；如果通过自动控制启动高压泵，则先将泵的启动方式由手动切换成自动，通知 DCS 控制室，打开桌面的"工程管理器"图标，进入恒压供水工段操作界面，通过 DCS 启动高压泵，设定

压力为 100kPa。

② 正常开车后需密切关注以下方面。

a. 高压泵的电机电流、温度、轴承温度。

b. 恒压水罐 V902 的压力、电导率。

c. 泵有无异声，仪器仪表是否准确，如发现问题及时处理或找有关人员检修。

d. 储水罐 V901 的液位以及罐内应无杂物，总管压力及给水、回水温度。

e. 对以上项目每 1h 检查一次，并做好相关记录。

3. 正常停车操作

① 当其他四个工段停车后方可停车。

② 关闭 HV905 后，立即按停泵旋钮，停止高压泵的运转。

③ 做好停车记录。

四、异常现象及处理、操作注意事项

1. 异常现象及处理（表 2-9）

表 2-9　异常现象及处理

序号	异常现象	原因	处理方法
1	高压泵不出水	注水不足或水池液位低，水泵反转	提高水位，及时联系技术人员
2	高压泵出水量小	水池液位低，泵内带气，叶轮有杂物或局部损坏，叶轮口环磨损大，进口阀门开度小，进水管局部损坏	提高水位，排气，停车，清杂物更换，通知技术人员进行检修
3	高压泵振动或有异声	基础不好，螺丝松动，泵内有杂物及部件损坏，水位低，填料漏气，使泵带气，电机反转	钳工紧固，修理提高水位，堵漏，排气

2. 操作注意事项

① 恒压供水工段在运行过程中，注意恒压水罐上的放空阀门不能随意打开，若打开需要确认恒压水罐的压力为 0kPa。

② 高压泵在运行过程中，不要用手去接触叶轮，防止发生危险。

五、工艺流程图

恒压供水工段的工艺流程图，如图 2-8 所示。

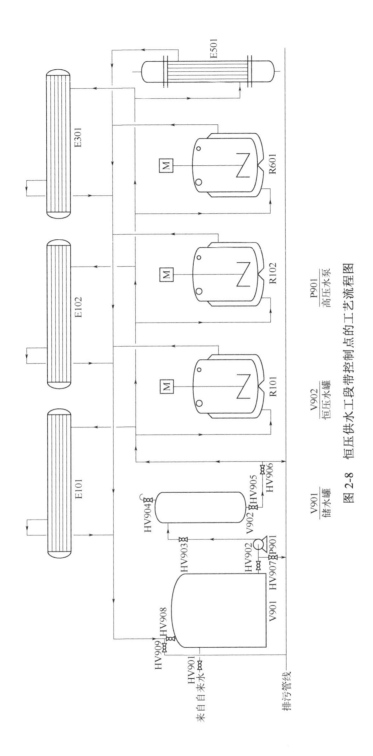

图 2-8　恒压供水工段带控制点的工艺流程图

思考题

水泵不工作的原因可能有几方面？

第九节　综合实训项目

一、洗衣液的制备

1. 实训目的

① 掌握洗衣液的去污原理、基本配方、性质与用途。
② 了解洗衣液的生产设备、生产原理与工艺方法。

2. 实训原理

在日常生活中，人们常用的洗涤衣服的产品一般有三类：肥皂、洗衣粉、洗衣液。传统的洗衣粉、肥皂以烷基苯磺酸钠和硬脂酸钠为主要成分，碱性较强（pH 一般大于 12），对皮肤的刺激和伤害较大；而洗衣液多采用阴离子表面活性剂、非离子型表面活性剂，pH 值接近中性，对皮肤温和，排入自然环境后，生物降解远比洗衣粉快。所以，洗衣液的用量越来越多，大有取代洗衣粉的趋势。

3. 实训内容

每批次生产 100kg 浓缩型洗衣液，所需原料配比如表 2-10 所示。

表 2-10　生产 100kg 浓缩型洗衣液的原料配比表

原料	质量分数/%	原料	质量分数/%
磺酸	10～15	氯化铵	0.2～0.5
脂肪醇聚环氧乙烯醚、硫酸钠（70%）	5～8	防腐剂	0.1
十二烷基硫酸钠（K-12）	0.5～1.5	酸化剂、香精、色素	适量
乙二醇双硬脂酸酯	1～3	去离子水	加至 100

4. 实训步骤

先将去离子水加热至 85～100℃，并保持在不低于 85℃的温度下，将磺酸、脂肪醇聚环氧乙烷醚、硫酸钠搅拌溶解，然后加入乙二醇双硬脂酸酯，搅拌 5～15min，将温度控制在 50～60℃，将上述混合物静置 1～2h 后，加入无机盐氯化铵搅拌 5～10min。降温至 45～50℃，加入十二烷基硫酸钠，再加入酸化剂将 pH 调节至 6～7.5，加入防腐剂，再加入适量香精、色素，搅拌均匀即可。

 ╱ 思考题 ╱

① 与粉状洗涤剂比较，液体洗涤剂具有哪些优点？

② 简述液体洗涤剂的生产工艺。

二、洗手液的制备

1. 实训目的

① 了解洗手液的种类。

② 掌握洗手液的制备原理、方法及其性质。

2. 实训原理

洗手液是生活中常见的手部清洁剂。洗手液的主要成分有表面活性剂、抑菌剂、清香剂、防腐剂及其他助剂。洗手液的主要功能是起到清洁护肤的作用，有些特定的成分可以起到消毒、杀菌的作用。洗手液分类如下。

① 普通洗手液。具有清洁去污的作用。

② 重油污洗手液。工业类油污（如机油、汽油、黄油、柴油等）和顽固污渍的清洗。

③ 儿童洗手液。必须选用无毒、无刺激/低刺激的原料，并应尽量减少色素和香精的用量。一些绿色的表面活性剂如烷基糖苷、氨基酸类表面活性剂和植物性润肤成分经常被用于儿童洗手液中。

④ 免水净手液。采用胍类阳离子杀菌剂和助剂，主要是对手部皮肤的日常杀菌。使用时采用喷雾方式直接喷在手上。

⑤ 医用洗手液。医用洗手液主要有两类，一类是具有清除细菌功效的洗手液，另一类是在手术前、抽血等特定条件下使用的洗手液。该类产品基本没有添加阴离子表面活性剂，主要由具有杀菌功效的双链季铵盐、葡萄糖酸氯己定、醋酸氯己定、葡萄糖酸洗必泰、双氯苯双胍己烷葡萄糖酸盐、苯扎氯铵、乙醇、异丙醇以及聚六亚甲基双胍和助剂组成。

不同洗手液在外包装上有区别，普通洗手液一般为"准"字号，消毒洗手液则多为"消"字号。

3. 实训内容

每批次生产 100kg 洗手液，其原料配比如表 2-11 所示。

表 2-11　生产 100kg 洗手液的原料配比表

名称	质量分数/%	名称	质量分数/%
海藻酸钠	2.2	十二烷基硫酸钠	0.5
自来水	92%～94%	甘油	0.3
药用滑石粉	0.5	乳化剂	1.5
蓖麻油	1	香料	适量

4. 实训步骤

室温下，将海藻酸钠与自来水混合，搅拌 1h，再加入药用滑石粉、蓖麻油、十二烷基硫酸钠、甘油、乳化剂，升温至 60℃，搅拌 1h，然后降温至室温，加入香料，搅拌 10min 即可。

 ／思考题／

① 如何简单区分几类洗手液？
② 洗手液在 25℃时，pH 值为多少才能符合最新修订的洗手液国家标准？

三、乙酸乙酯的生产

1. 实训目的

① 了解乙酸乙酯的生产原理、工艺流程及主要用途。
② 掌握乙酸乙酯生产中所涉及仪器仪表的操作规程，熟悉生产设备的工作原理和操作方法。
③ 学习生产现场的安全操作规程和安全知识，增强安全意识。

2. 实训原理

乙酸乙酯是一种无色的透明液体，具有水果香味，是应用广泛的脂肪酸酯，主要用作生产涂料、黏合剂、乙基纤维素、人造革以及人造纤维等的溶剂；另外在医药行业可以作为提取剂，也可以作为生产有机酸的原料。

乙酸乙酯的生产方法主要有三种，分别为乙醇乙酸直接酯化法、乙醛缩合法和乙醇一步法。其中乙醇乙酸直接酯化法是国内工业生产乙酸乙酯的主要工艺路线。该方法以乙酸和乙醇为原料、强酸为催化剂直接酯化得到乙酸乙酯，其反应原理为：

$$C_2H_5OH + CH_3COOH \xrightarrow[\text{加热}]{\text{催化剂}} CH_3COOC_2H_5 + H_2O$$

3. 实训内容

乙酸乙酯生产实训装置是化工企业酯类产品制备的重要装置之一，其以乙酸乙醇直接酯化法生产工艺为基础，主要包括乙酸乙酯反应生成、精馏提纯精制、物料回收三个工段。该生产装置对乙酸乙酯生产单元操作进行组合，能实现化工单元过程的操作训练。具体的实训内容如下。

① 了解各工段的主要原材料和辅料、技术要求和质量规格，以及在生产中的作用。

② 熟练掌握各工段的生产工艺流程、各单元操作过程及工作原理。

③ 掌握各工段主要生产设备、泵、仪表、阀门的结构、型号、尺寸、性能、工作原理及使用条件。

④ 了解各工段的 DCS 界面控制的工艺参数、控制装备、控制方式和效果。

⑤ 了解车间（工段）的平（立）面布置。

⑥ 了解国家对化工企业的安全生产要求。

4. 实训步骤

（1）酯化反应工段

自乙酸送料泵和乙醇送料泵来的乙酸、乙醇经流量计计量，进入酯化反应釜中，催化剂固体磷钼酸由反应釜顶的加料斗加入至反应釜中。打开反应釜的搅拌电机，根据工艺需求调节至适当转速，导热油启动循环，然后打开导热油加热开关，使反应釜夹套导热油温度控制在 130～140℃，反应釜内温度控制在 80～90℃，进行酯化反应。形成的蒸汽经反应釜塔顶蒸馏柱冷凝，用蒸馏回流泵打回至蒸馏柱，回流反应 0.5～1h，提高反应转化率。再经反应釜冷凝器冷凝，冷凝液流到反应釜冷凝罐中，通过回流泵使液体流至中和釜或蒸馏柱。

（2）中和工段

由反应釜冷凝罐来的物料以及反应釜的物料加入中和釜中，同时由碱液罐将碳酸钠饱和溶液加入中和釜中，与溶液中的乙酸发生中和反应，再由盐液罐将硫酸钾水溶液加入中和釜中，将反应釜料液中的水吸收到盐溶液中静置半小时，水、醋酸钠、碳酸钠和硫酸钾水溶液作为重相先从釜底排入重相罐中，注意观察视镜界面，出现分液层以后，关闭重相罐的入口阀，开启轻相罐的入口阀，然后将上层的乙酸乙酯、乙醇和微量的水从釜底排入轻相罐中。

（3）粗酯精馏工段

将轻相罐内的粗乙酸乙酯用泵打入粗酯塔（填料塔），经塔釜加热，气体上升，从粗酯塔塔顶出来的乙酸乙酯进入冷凝器冷凝后到受液罐，受液罐内的轻组分经泵输送到回流头，一部分回流至粗酯塔，一部分作为成品到产品罐；受液罐内的重组分回流到粗酯塔残液罐，塔釜的料液精馏后进入粗酯塔残液罐。

（4）萃取精馏工段

将粗酯塔产品罐内的粗乙酸乙酯用进料泵打入到萃取塔与萃取剂混合，进行萃取精馏，从萃取塔塔顶出来的乙酸乙酯气体进入冷凝器冷凝后，到冷凝罐，经齿轮泵输送到回流头，一部分冷凝液回流至萃取塔内，一部分冷凝液作为成品到产品罐。塔釜的残液精馏后，进入萃取塔残液罐。

（5）萃取剂再生工段

将萃取塔残液罐内料液，用泵打入再生塔，塔顶出来的乙醇或水气体进入冷凝器冷凝后，进入冷凝罐，经泵输送到回流头，一部分冷凝液回流至再生塔，一部分冷凝液到产品罐。产品罐的液体可收集补充原料乙醇或排放；从塔釜出来的残液乙二醇，用泵将乙二醇送至萃取塔循环使用或排放。

（6）萃取剂循环工段

萃取剂乙二醇加入萃取液罐后，由泵将乙二醇打入萃取塔，与原料液混合后起萃取作用。残液中的乙二醇随塔釜残液进入残液罐，用泵打入再生塔，经精馏分离后，乙二醇作为填料精馏塔的残液排至残液罐，用泵将乙二醇送至萃取塔循环使用。

 思考题

① 酯化反应有何特点？可以采取哪些手段提高乙酸乙酯的产率？

② 酯化反应发生时，可能有哪些副反应？粗乙酸乙酯中主要有哪些杂质？如何去除？

③ 酯化反应时，可采用哪些手段控制反应温度？

第三章
典型化工产品仿真操作实训

第一节　环己酮生产工艺仿真操作实训

一、环己酮生产工艺介绍

环己酮是重要的化工原料，广泛应用于纤维、合成橡胶、工业涂料、医药、农药、有机溶剂等工业。目前，由于聚酰胺行业迅速发展，环己酮作为生产己内酰胺的原料也得到了快速发展。我国环己酮的生产主要是为了满足己内酰胺生产的需要。

工业上环己酮及环己醇的生产路线主要有 3 条：（1）苯加氢制备环己烷，然后由环己烷与空气中氧反应，部分氧化制得环己酮和环己醇；（2）苯部分加氢生成环己烯，然后环己烯与水加成制得环己醇；（3）苯酚加氢生产环己醇。由于工业上苯酚的生产经过苯烷基化生成异丙苯，然后异丙苯氧化到异丙苯过氧化氢，再联产苯酚和丙酮等多个步骤，考虑到苯酚的来源以及与苯较大的差价，苯酚加氢工艺的应用也受到很大限制，因此本工艺选用的是苯加氢制得环己烷，环己烷氧化制得环己酮与环己醇。

无催化氧化法制环己酮由法国 Rhone-Ponlene 公司首先开发，此方法是目前国内外采用的主要工艺技术之一。其特点是反应分为两步：第一步为环己烷在 160～170℃ 的条件下，直接被空气氧化为环己基过氧化氢；第二步为在碱性条件和催化剂作用下，环己基过氧化氢分解为环己醇和环己酮。环己烷主要由苯加氢制得。该工艺优点是反应分步进行，氧化阶段不采用催化剂，避免了氧化反应器结渣的问题，使装置在设备允许的条件下连续运行；缺点是环己基过氧化氢分解过程中需要大量的碱，处理困难；环己酮和环己醇的选择性较差，收率低；环己烷单程转化率较低，使工艺流程长、能耗较高。

氧化反应产生大量的反应热，反应热通过蒸发一部分未转化的环己烷而移出，使反应温度适宜。氧化反应过程分为诱导期和反应期，诱导期即链引发阶段，这一阶段空气中的氧气被环己烷缓慢吸收，到了反应期才开始达到显著的吸氧速率。

化工仿真实践教学工厂以苯加氢法制环己烷、无催化氧化法制环己酮工艺为背景，设计了虚拟仿真工厂，从仿真工厂实训装置到中控仿真 DCS 系统，全面模拟了环己酮生产工艺。

二、化工仿真实训车间简介

化工仿真实训车间是苯加氢制环己酮半实物仿真实训教学工厂。该仿真工厂采取虚实结合的方式，展现了包括半实物流程装置单元、DCS 模拟控制部分（包含软硬件连接驱动和通信）和仿真软件系统三部分在内的仿真系统。

半实物仿真装置是按照苯加氢制环己烷、环己烷无催化氧化制环己酮生产工艺设立的半实物装置，包括苯加氢制环己烷工段、环己烷氧化制环己酮工段。实训装置包含缩小型全流程设备、精致的设备框架系统、管路、手动阀门、控制阀门、测控传感器系统等，具有实际装置的全部空间几何三维分布实体概念，可进行现场阀门的手动操作，每套实物装置包括各工段电气控制柜、相应的仪器、仪表、各类阀门和相应的容器。

配合环己酮生产过程的工艺操作，设计开发了苯加氢工段和环己烷氧化工段的仿真操作软件，以便开展各单元开车、停车、故障应急处理等培训内容。

根据实物装置建立了 DCS 中控室系统，包括 DCS 控制系统现场控制站、DCS 控制系统操作员站及软件等部分，仿 DCS 界面与实际生产 DCS 界面一致，工作控制台位数 20 台、教师管理站 1 个。

本系统具有数字高仿真、情景化真实操作、开放性故障点设置、广泛性教学目的的特点，可开展学生技能培训、学生能力考核、装置生产事故案例分析与培训。该实训系统体现了绿色环保、节能安全、现代技术、信息技术于一体，实现综合教育教学与能力考核于一身。

三、化工仿真中控室简介

仿真中控室，是苯加氢制环己酮半实物仿真实训教学工厂的神经中枢，可以实时监测现场设备和阀门的状态以及各项工艺指标，并能远程操作相关阀门和设备。现场所有的仪表、阀门信号都输送到中控室，所有的操作指令都从中控室发出。中控室是控制集中化的体现，中控室操作员可以全面掌控整个工厂的运转情况，并作出最优的操作决定。

仿真中控室是工厂化情境不可缺少的一块拼图，能够使工业生产现象通过仿真软件与装置现场操作相互配合、逼真再现。仿真中控室配备了工厂工人使用的必备劳保用品，如安全帽、防护服、对讲机、防毒面具、绝缘手套、安全绳和绝缘鞋，供学生进入现场车间操作时佩戴使用，使学生犹如在真实的化工厂里上岗实习，从而树立"安全第一"的工厂生产观念。

仿真中控室共有学生操作站 20 台、教师管理站 1 台。每台操作站上都安装了与现场装置配套的苯加氢制环己酮仿真软件（包括软件版和硬件版），可以满足多人同时单机训练，也可以分成班组，并分派不同角色任务，"顶岗实习"，强化学生操作规范以及训练团队协同合作的能力。多种不同工艺流程的仿真软件，可以使学生学习了解其他化工生产工艺的原理、开停车操作规程、工艺流程图以及其他相关理论知识，拓展学生化工知识视野。

真实的工厂化情景，先进的媒体设备，理论与实践相结合，线上与线下学习相结合，电脑端和移动端学习相结合，为满足教育教学要求提供了丰富多样的现代化教学手段。

四、苯加氢制环己烷生产工段仿真实训

（一）工艺原理

苯加氢是典型的有机催化反应，无论在理论研究还是在工业生产上，都具有十分重要的意义。工业上常采用的苯加氢生产环己烷的方法主要有气相法和液相法两种。加氢过程可在固定床反应器或液相循环反应器中进行。气相法的优点是催化剂与产品分离容易，所需反应压力也较低，但设备多而大，投资费用比液相法高，而且床层温度不易控制。液相法的优点是反应温度易于控制，不足之处是所需压力比较高，转化率较低。因此，如何既能从反应器中移出大量的反应热，又能保证环己烷产品的纯度，是苯加氢生产环己烷工艺中需要解决的关键问题。

苯加氢工段采用气相法，以金属铂作催化剂，主反应器为固定床反应器，利用循环热油移除反应器中产生的反应热。反应压力 2650～3200kPa，热点温度为 320～380℃，加氢后反应器出口温度为 180～240℃。加氢主反应器中发生的反应如下：

主反应：

（1）

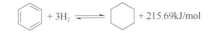
$$+3H_2 \rightleftharpoons \quad +215.69kJ/mol$$

副反应：
（2）

$$\text{⌬} + 3H_2 \longrightarrow 3C + 3CH_4 + 315.95kJ/mol$$

（3）

$$\text{⬡} \rightleftharpoons \text{⬠}CH_3 \quad -16.58kJ/mol$$

（4）

$$\text{⬡} + 6H_2 \longrightarrow 6CH_4 + 342.66kJ/mol$$

反应（1）为主反应，生成目的产物环己烷。反应（2）（3）（4）是副反应，在上述温度、压力的条件下，反应程度很小，生成的产物很微量，可以忽略不计。值得一提的是，反应（2）反应生成的碳，虽然量很少，时间长了之后会像灰尘一样附着在催化剂的表面，使催化剂活性下降，因此，在工厂实际生产中，会定期进行停车维护，重新装填催化剂或者进行催化剂的再生。此外，由于原料苯中携带的 H_2S 会导致催化剂中毒，因此，需要在加氢后反应器之前先进行脱硫，脱硫反应的反应式如下：

$$ZnO + H_2S \longrightarrow ZnS + H_2O + 75.808kJ/mol$$

苯加氢工段的原料组成为：99.72%的苯，0.05%的水，0.07%的甲基环己烷、甲苯、正辛烷、正庚烷等重组分以及 0.02%的 H_2S。该工段最终产品是含量为99.97%的环己烷。

从工艺设计上，为减少原料中水对整个生产工艺的影响，反应前需要对原料苯进行除水处理，苯和水易形成低温共沸物，因此，可以通过精馏的方法除去水分；苯加氢反应放出大量的热量，热量的回收主要考虑用于对原料进行预热，同时将多余的热量用于生产水蒸气，通过热油循环系统对热量进行回收利用；苯常温下为液体，氢气为气体，通过将苯汽化，形成汽气反应，有利于苯和氢气的充分接触，提高转化率。生成的环己烷和苯性质相近，不易分离，可考虑将氢气过量，待苯充分反应后，剩余的气体循环返回反应器继续参与反应；苯和氢气反应生成环己烷是反应级数降低的反应，通过加压可以推动反应正向进行。由于原料苯中有伴生的甲苯存在，所以，当对产品环己烷的纯度要求较高时，需要对产品进行脱庚烷处理，工艺上主要通过脱庚烷的精馏塔提纯环己烷，以达到工艺要求。

常温下，苯是一种无色、有甜味的透明液体，并具有强烈的芳香气味。分子量 78.11，熔点 5.5℃，沸点 80.1℃，密度 0.88g/mL，苯是一种碳氢化合物，也是最简单的芳烃,难溶于水,易溶于有机溶剂,本身也可作为有机溶剂。此外苯也是石油化工的基本原料,可燃,毒性较高,是一种致癌物质。环己烷,又名六氢化苯,为无色有刺激性气味的液体。分子量84.16,熔点6.5℃,沸点80.7℃,密度0.78g/ml。环己烷不溶于水,溶于多数有机溶剂,极易燃烧。环己烷在不同条件下发生氧化反应,可以制得环己酮、环己醇、己二酸、顺丁烯二酸等产物。

(二)工艺流程

苯加氢制备环己烷生产工段包括苯干燥系统、苯加氢系统、环己烷和气体的分离系统、热油系统、脱除庚烷系统。

1. 苯干燥系统

苯干燥塔 T101 是苯干燥系统主要设备,塔釜用低压蒸汽加热,原料苯中的水分从塔顶蒸出,从而达到干燥原料苯的目的。苯干燥系统的其他设备还有塔釜再沸器 E101,塔顶冷凝器 E102,苯水分离器 D101,高压苯加料泵 P101A/B。

从苯贮罐来的原料苯,经苯进料热交换器 E103 送至苯干燥塔 T101 顶部。苯干燥塔用低压蒸汽加热,水以苯水共沸物形式从塔顶蒸出,经苯干燥塔的冷凝器 E102 冷凝后在苯水分离器 D101 中进行苯-水分离,苯溢流回塔内,水去生化处理。苯水界面由 LIC10101 控制。D101 顶部尾气排放管与火炬系统相连,同时向排放管供低压氮气,以保证去火炬总管的管道系统没有积料。苯干燥塔液位由 LIC10102 调节苯进料量。苯干燥塔底部出料量由 FIC10102 控制,由高压苯加料泵 P101A/B 打到苯蒸发器 E104,含水量(≤$100×10^{-6}$)由 AI10101 分析。苯干燥塔常压操作,顶温 TI10105 在 75~80℃,釜温 TI10104 在 78~85℃。再沸器 E101 低压蒸汽量由 FIC10103 控制。

苯干燥系统物料流程图如图 3-1 所示,PID 图如图 3-2 所示。

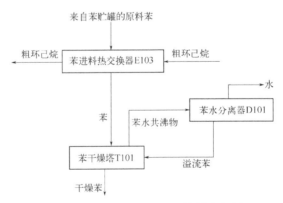

图 3-1 苯干燥系统设备及物料流程图

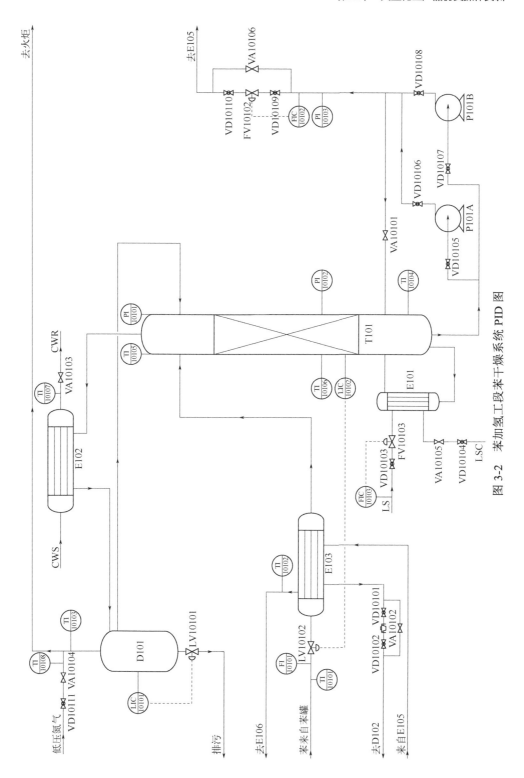

图 3-2　苯加氢工段苯干燥系统 PID 图

原料苯进料为含 99.72%的粗苯，苯进料温度为 60℃。

原料苯经苯干燥塔 T101 干燥后得到 99.91%的苯，干燥后温度为 84℃；塔顶为含有 97.07%的苯蒸汽，温度为 80℃。

2. 苯加氢系统

苯加氢系统的主要设备有苯蒸发器 E104、加氢主反应器 R101，加氢后反应器 R102、脱硫反应器 R103。苯蒸发器 E104 的作用是用导热油将原料苯汽化蒸发，同时与氢气混合为加氢主反应器 R101 提供进料。加氢主反应器 R101 是发生加氢反应的主要场所。脱硫反应器 R103 用于除去 H_2S，防止 H_2S 浓度积累而影响催化剂活性。加氢后反应器 R102 可以使未反应的苯进一步反应，提高产品转化率。

干燥后的苯由高压苯加料泵 P101A/B，经苯预热器 E105 向苯蒸发器 E104 加料，同时，氢氮混合物吹散待蒸发液态苯，使苯更易于蒸发，苯蒸发所需要的热量由循环热油提供。苯蒸发器出口温度由 TI10202 指示，苯蒸发器顶部装有除沫器，以除去上升气流中夹带的苯液滴，防止液苯进入反应器产生局部反应过快而导致飞温，损坏催化剂。

苯蒸发器 E104 氢气来源包括三部分：新鲜氢、循环氢、脱氢氢气。新鲜氢由 PSA 装置提供，流量由 PIC10202 控制，由 FI10202 指示；循环氢由氢气循环压缩机 C101 供给；脱氢氢气由脱氢段压缩机提供，是含烷烃的分析氢。以上三股氢气的混合物作为苯蒸发器氢气进料，其压力由 PV10202 调节新鲜氢的流量来维持恒定。

苯蒸发器 E104 顶部苯、氢、氮混合气进入加氢主反应器 R101，新鲜氢与苯的摩尔比约为 3.75∶1。加氢主反应器（加氢前反应器）中反应热由循环热油移走，反应器壳程中部有一水平挡板，热油系统被分隔成上下两室，上室为并流传热，下室为逆流传热。在反应器 R101 上部，加氢反应十分迅速，反应温度很快升至 320～380℃，而后由于热油冷却作用，反应器 R101 出口温度为 225℃，由 TI10206 指示。催化剂床层温度由 TI10203 记录，防止飞温。

苯和氢气中所含少量含硫化合物在加氢主反应器 R101 中会反应生成 H_2S，为防止 H_2S 浓度积累而影响催化剂活性，在加氢后反应器 R102 前设有脱硫反应器 R103 进行脱硫（H_2S 被转化为 ZnS），未参与反应的苯，在装有铂催化剂的绝热式后反应器 R102 内进一步反应完全，生成环己烷。后反应器装有 TDI10307 测定温差，后反应器出口温度由 TI10303 指示。

加氢反应系统物料流程图如图 3-3 所示，PID 图如图 3-4 所示。

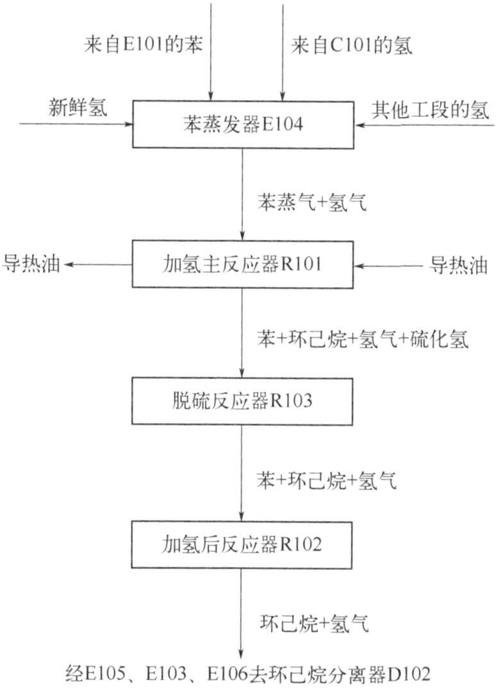

图 3-3　加氢反应系统设备及物料流程图

加氢前反应器 R101 的出料含有 42.70% 的环己烷、33.32% 的氢气、14.51% 的氮气，出口温度 225℃。加氢后反应器 R102 的出料含 43.75% 的环己烷、32.42% 的氢气，出口温度 234℃。

3. 环己烷和气体的分离系统

加氢后反应器 R102 出来的混合气体先后经苯预热器 E105、苯进料换热器 E103 和成品冷凝器 E106 冷凝冷却，之后在环己烷气液分离器 D102 中进行气液分离。E105、E103 和 E106 的环己烷冷凝液去 D102 下部进料口。在环己烷气液分离器 D102 顶部装有除沫器，绝大部分气相（由循环氢分析控制仪 AIC10301 控制）经循环氢压缩机 C101 去苯蒸发器 E104 作为氢气进料，少部分气相经深冷器 E108 冷却后排放。D102 的液相经 LIC10301 控制，去环己烷缓冲罐 V102。由于压力差的原因，部分溶解在环己烷中的氢气、氮气及少量环己烷闪蒸，闪蒸的气体去深冷器。V102 液位由 LIC10304 控制，由环己烷出料泵 P103A/B 送去庚烷塔 T102、烷罐或苯罐（依据分析结果而定）。

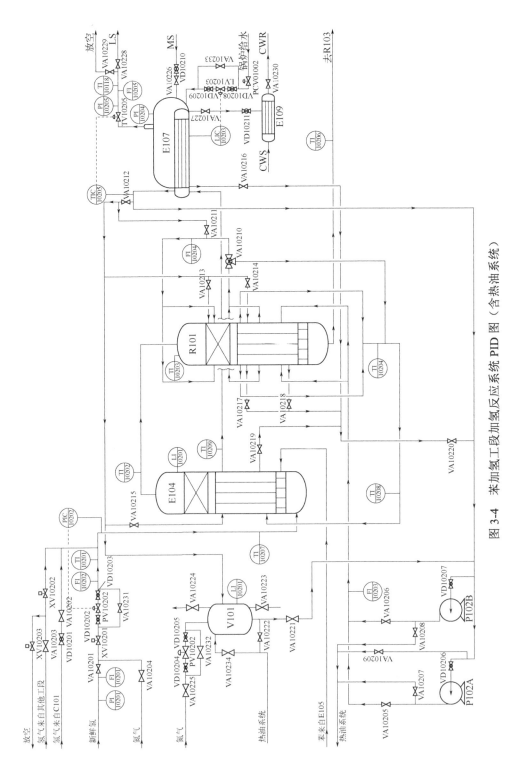

图 3-4　苯加氢工段加氢反应系统 PID 图（含热油系统）

分离系统物料流程图如图 3-5 所示，PID 图如图 3-6 所示。

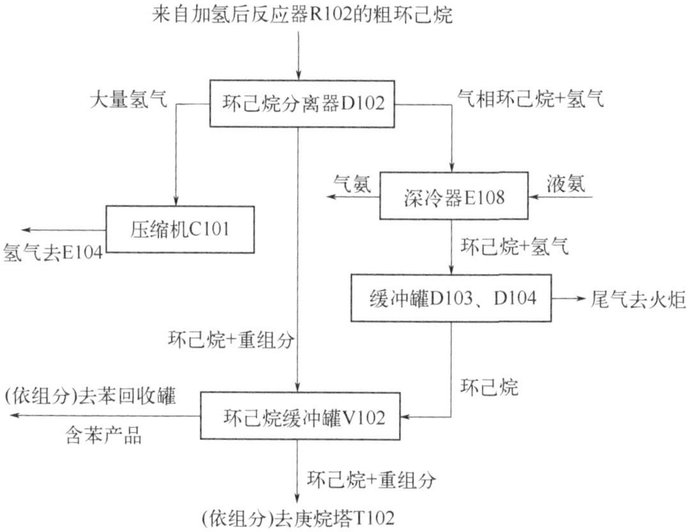

图 3-5　分离系统设备及物料流程图

来自 D102 的少部分气体和来自 V102 的气体，在深冷器 E108 中用液氨深冷至 10～15℃，环己烷冷凝液进入 V102，不凝气体排空。深冷用液氨流量由 TIC10308 控制（设定值 10～15℃），气氨压力经 PIC10303 控制为 0.333MPa，且有现场液位指示 LI10302。

粗环己烷在环己烷分离器 D102 中进行分离，分离出的尾气中含有 57.49% 的氢气、25.63% 的氮气和 15.71% 的甲烷。

4. 热油系统

导热油是一种热量的传递介质，具有加热均匀、调温控温准确、能在低蒸汽压下产生高温、传热效果好、节能、输送和操作方便等特点，可以用来调节反应系统温度。

热油系统包括热油循环泵 P102A/B、热油膨胀罐 V101、加氢前主反应器 R101、苯蒸发器 E104 和废热锅炉 E107 等设备。来自导热油贮槽的热油，经 P102A/B 向热油系统充油，热油系统充满后用 P102A/B 进行热油循环，热油从加氢主反应器 R101 下室底部进入，从下室的上部流出，然后分成两股，其中的 1/3～1/2 的热油去上室，从上室的上部流入，下部流出，再汇同另一股一起流入苯蒸发器 E104 下部，E104 上部流出的热油去废热锅炉 E107，在 E107 中副产低压蒸汽后去 P102A/B 循环使用，不断地移走反应热。热油膨胀槽作为热油系统的缓冲设备，液位高时溢流回外界储罐，液位低时需及时从外界储罐补充热油。

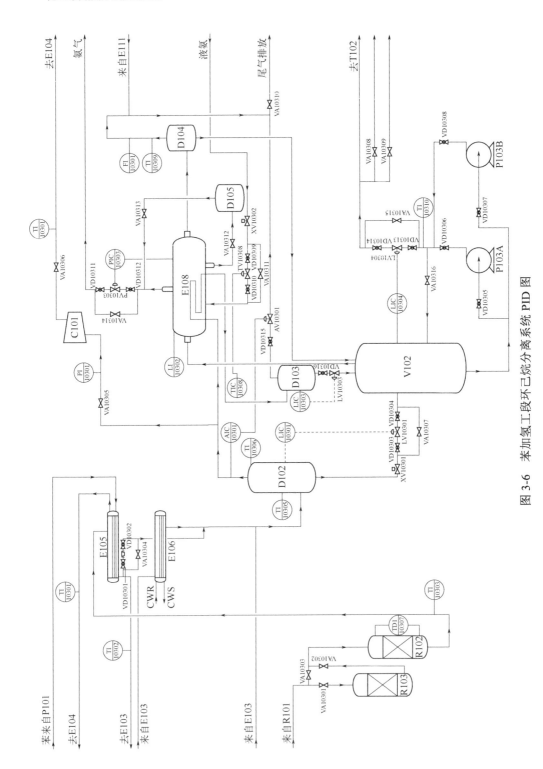

图 3-6 苯加氢工段环己烷分离系统 PID 图

加氢主反应器 R101 的上室热油流量可由手动三通阀控制，流量由现场的 FI10204 指示，上室热油出口温度由 TI10204 指示。废热锅炉 E107 热油出口温度由 TIC10205 控制为约 200℃，其给水量由 LIC10203 控制。原始开车时，为达到反应所需温度需向 E107 通高压蒸汽加热。

5. 脱除庚烷系统

庚烷塔 T102 是脱除庚烷系统的主要设备。塔釜用中压蒸汽加热，进料中的环己烷作为轻组分从塔顶蒸出，经塔顶冷凝器换热后冷凝得到环己烷产品。庚烷等其他重组分从塔釜送出，去废水处理。脱除庚烷系统的其他设备还有塔釜再沸器 E110、庚烷塔底液泵 P104A/B、庚烷塔冷凝器 E111、庚烷塔回流泵 P105A/B。

环己烷缓冲罐 V102 中环己烷经 P103A/B 泵至庚烷塔 T102 第 21 块塔板（庚烷塔共 43 块塔板）进料。塔釜再沸器 E110 通中压蒸汽加热，蒸汽流量由 FIC10401 控制，顶温 TI10402 98～101℃，釜温≤125℃（TI10401），操作压力由 PIC10404 控制为 160kPa。压力由 PV10404A 和 PV10404B 分程调节。

T102 塔顶回流量由控制器 FIC10403 控制，环己烷出料量由回流槽液位 LIC10402 控制，由回流泵 P105A/B 输送。釜液出料量由 FIC10402 控制，由庚烷塔底液泵 P104A/B 送至废水处理的残液罐或轻油罐，塔釜液位由 LI10401 指示。

脱除庚烷系统设备及物料流程如图 3-7 所示，PID 图见图 3-8。

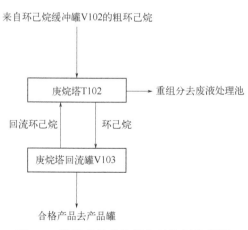

图 3-7 脱除庚烷系统设备及物料流程图

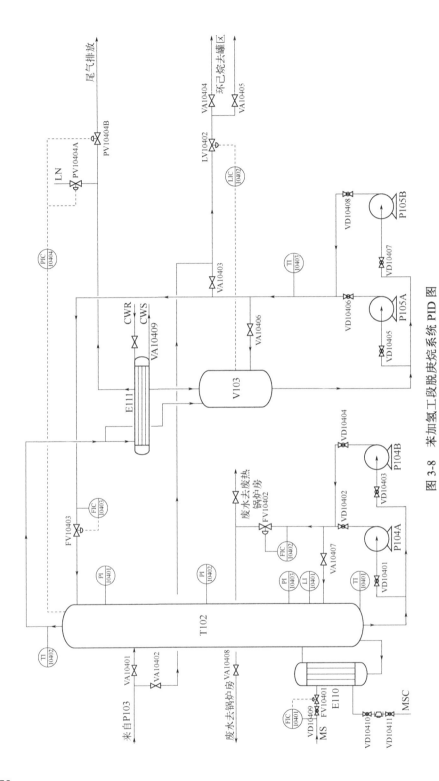

图 3-8 苯加氢工段脱庚烷系统 PID 图

（三）实训内容

1. 冷态开车

苯加氢工段冷态开车分为七步进行。

① 投热油系统：循环热油的作用是移除反应器 R101 中的反应热，并为苯蒸发器 E104 提供热量，循环热油系统相对独立，与其他物料没有交叉，因此在开车时可先行投用。

② 废热锅炉升温。废热锅炉在装置正常运转时，作用是控制循环热油温度，并副产蒸汽，在冷态开车时，则可以通入高温蒸汽为循环热油加热升温，并使反应器 R101 达到反应温度，为投料反应做准备。

③ 系统置换与试漏。系统置换是用氮气置换系统装置内部的空气，防止投入氢气时，发生爆炸等事故，并测试系统的气密性。

④ 加氢系统保压。投用氢气，一方面置换系统中的氮气，另一方面提升系统压力至 3.1MPa，测试系统在该压力下的密封性，保证安全生产。

⑤ 苯干燥系统。原料苯进入反应器 R101 进行反应之前需要先干燥，除去原料中携带的少量水分，为加氢反应做准备。

⑥ 加氢反应和产物处理。苯开始进入反应器 R101，加氢反应开始，随着苯的进料量慢慢增加，生成的环己烷在缓冲罐 V102 中积累，等待输送去庚烷塔进一步处理。

⑦ 庚烷塔 T102 开车。将产物中的庚烷等重组分除去，得到高纯度的环己烷产品。

苯加氢工段冷态开车步骤见附录 2。

2. 正常停车

苯加氢工段正常停车分为五步进行。

① 降负荷。将苯的进料负荷缓慢降至正常的 30%～50%，并在降负荷过程中保持关键部位的工艺参数稳定。

② 停进料、停加热蒸汽。停止苯的进料和氢气的进料，停止加热蒸汽。

③ 停热油循环、降温、降压。停止热油循环，系统泄压、降温。

④ 停冷却器。关闭全部冷却器冷物流进料，停用冷却器。

⑤ 排液。将系统残留液相排净。

苯加氢工段正常停车步骤见附录 3。

（四）事故及处理方法

1. 高压苯加料泵 P101A 泵坏

现象：高压苯加料泵 P101A 出口压力明显降低，出口流量减小。

处理：启用备用泵 P101B，关闭坏泵 P101A。

2. 苯干燥塔 T101 釜液含水量高

原因：苯干燥塔再沸器 E101 加热蒸汽量偏低。

现象：苯干燥塔 T101 塔釜温度下降，塔釜釜液中含水量升高。

处理：开大 FV10103，加大蒸汽量，提高塔釜温度。

3. 加氢前主反应器 R101 上室温度过高

原因：进入 R101 上室的热油量偏小。

现象：R101 上室温度过高。

处理：调节三通阀 VA10210，增加进入上室的热油流量。

4. R101 进料新鲜氢与苯摩尔比配比过小

原因：系统压力偏高。

处理：调节系统压力 PIC10202 稳定在 3.10MPa 左右，稳定进料新鲜氢与苯摩尔配比为 3.75。

5. R101 进料新鲜氢与苯摩尔比配比过大

原因：系统压力偏低。

处理：调节系统压力 PIC10202 稳定在 3.10MPa 左右，稳定进料新鲜氢与苯摩尔配比为 3.75。

6. 系统压力调节器 PIC10202 阀卡

现象：阀门 PV10202 失去了调节能力。

处理：关闭 PV10202 及其前后截止阀，打开旁路阀调节。

7. 加氢后反应器温差 TDI10307 升高

原因：反应器局部反应过快导致飞温。

处理：立即停车。

五、环己烷氧化制环己酮生产工段仿真实训

（一）工艺原理

采用无催化氧化法生产环己酮，其工艺主要包括吸收系统、氧化系统和精馏系统。无催化氧化法制备环己酮工艺是将苯加氢工段制得的环己烷产品，直接与含氧气体（空气）接触发生氧化反应，生成中间产物环己基过氧化氢，其主要反应式如下：

$$+ O_2 \longrightarrow \text{（环己基过氧化氢 OOH）} + 113.5 kJ/mol$$

该中间产物在碱性条件下，以醋酸钴作为催化剂，选择性分解成环己酮与环己醇的混合物，该混合物称之为 KA 油，其主要反应式如下：

$$\xrightarrow[\text{醋酸钴}]{\text{碱性}} + H_2O + 242.4 kJ/mol$$

$$\xrightarrow[\text{醋酸钴}]{\text{碱性}} + 1/2\,O_2 + 87.5 kJ/mol$$

反应中，环己酮与环己醇易被过度氧化，生成酸、醛等有机副产物。含有未反应的环己烷、KA 油和少量副产物的有机混合物油相，经过精馏系统进行多级提纯，得到重组分产品粗环己酮；同时轻组分环己烷作为吸收剂，吸收氧化反应中未反应的环己烷蒸汽，并重新返回氧化系统参与反应。

对于环己烷的氧化，其氧化反应为放热反应。反应特点是低转化率，大循环量。反应开始后，最初产生的分子态产物是过氧化物，然后才是醇、酮及副产物。随着转化率的不断升高，醇、酮上升幅度较大，过氧化物含量几乎不变，而副产物上升较慢。当达到一定的转化率时，副产物含量迅速上升，此时有用组分的收率就开始下降。因此氧化阶段采用低转化率的方法，有用物在总产物中的比例高。但是转化率低导致未反应的物料循环量加大，设备容量相应增大，为输送这些物料所需能量及加热、冷却的能量也有所增加。氧化反应的温度应保证氧化反应的反应速度，提高反应温度会大大加快反应速度，但同时副产物也会增加。在此前提下选择反应合适的压力，压力越高，尾气中环己烷分压越小，损失的环己烷也会越少，但设备的投资及维修费用也会相应提高；反之压力过低，反应温度就要接近沸点温度，蒸发带出的热量大于反应放出的热量，如要维持反应正常进行，必须外加热量，这对经济运行是不利的。环己烷中的水分对反应也会有较大的影响。在吸收系统控制水分后再进入氧化系统对减少

结渣、延长运转周期有直接的影响，因此对环己烷应预先分离出其中所夹带的水分，由尾气带出的环己烷也应分离出水后再返回氧化系统。

对于过氧化物的分解，其分解反应为放热反应。分解反应在低温下进行可显著提高分解收率，减少副产物的生成。分解反应是在碱性条件下进行的，碱度要使环己基过氧化氢充分分解，得到环己酮和环己醇，碱度过低，分解反应不完全，碱度过高，会使环己酮和环己醇缩合产生黑褐色胶状产物，影响收率。反应在有机相和无机相间进行，适当的相比，可以获得足够的接触面积。无机相的量过多，就需要引入过量的水到过程中，增加了水的循环和消耗，同时也增加了后续过程的负荷；无机相量太少，相间的分散面积不够，碱度增加，同时还影响反应速度。此外，分解反应需进行搅拌，保证有机相和无机相之间充分接触，使无机相完全分散，以利于反应的进行。环己烷氧化反应和环己基过氧化氢分解反应共同组成了环己酮制备反应的两个主要阶段。

该工段的进料原料是来自苯加氢工段的含量为 99.97%的环己烷，最终粗产品含有约 90.02% KA 油，粗产品中还含有约 4.98%环己烷、4.28%有机副产物和 0.72%水分的副产物。

常温下，环己酮是无色透明液体，带有泥土气息，含有痕迹量的酚时，则带有薄荷味。分子量 98.14，熔点-47℃，沸点 155.6℃，密度 0.95g/ml。环己酮微溶于水，易混溶于醇、醚、苯、丙酮等多数有机溶剂，不纯物为浅黄色，随着存放时间生成杂质而呈水白色到灰黄色，具有强烈的刺鼻臭味，具有致癌作用。环己醇，又名六氢苯酚。无色黏性液体，分子量 100.16，熔点 23℃，沸点 160℃，密度 0.96g/mL，有樟脑气味液体或晶体，微溶于水，可混溶于乙醇、乙醚、苯等有机溶剂，主要用于制取环己酮和己二酸，还用于制取增塑剂、表面活性剂以及用作工业溶剂等。

（二）工艺流程

环己烷氧化制备环己酮工段，包括吸收系统、氧化系统、精馏系统三个部分。下面分别介绍这三大工段的工艺流程。

1. 吸收系统

环己烷吸收系统的作用主要是以环己烷本身为吸收剂，吸收氧化反应过程中未反应的环己烷蒸汽，同时分离环己烷中的水分，并预热重新返回氧化反应器参加氧化反应。其主要设备包括冷却洗涤塔（T201），直接热交换塔（T202），冷却洗涤塔冷却器（E201），烷水分离器（S201），反应进料冷却器（E202），泵（P201A/B、P202A/B）。

冷却洗涤塔 T201 的主要作用是将从直接热交换塔 T202 过来的环己烷气体和水汽与塔顶下降的冷环己烷接触而冷凝下来。温度约 67℃ 的冷环己烷自烷回流槽 V203 由烷泵 P209 经冷却器 E201 打到冷却洗涤塔 T201，这股物料的一小部分经 E201 冷却到 40℃ 送入冷却洗涤塔 T201 的顶部；另一部分物料经 E201 的旁路直接进入塔的上部。通过 TIC20101 控制塔顶温度，约为 45℃，冷环己烷的循环量由 FIC20101 控制，总流量为 100.5t/h。从直接热交换塔 T202 过来的环己烷气体和水汽从冷却洗涤塔 T201 的底部进入，与塔顶下降的冷环己烷接触传热而冷凝下来。下降液体汇于塔底由泵 P201 打入烷水分离器 S201；含有饱和环己烷的尾气去尾气处理。

烷水分离器 S201 依靠重力沉降将来自冷却洗涤塔 T201 的液体分成无机相（酸水）和有机相（环己烷）两相。上层为环己烷，下层为酸水，两层的界面由 LICA20103 控制。分离后的烷层经 LV20101 控制去直接热交换塔 T202 的塔顶。S201 的操作压力为 P201 的出口压力。

直接热交换塔 T202 的作用是将来自氧化反应器尾气中的环己烷气体冷凝。来自 V202 的循环烷经烷泵 P205 输送，控制正常流量为 58.1t/h，与从烷水分离器 S201 来的环己烷分别送入直接热交换塔 T202 的顶部。与此同时，氧化釜氧化尾气进入塔底，该尾气温度为 164℃，在填料层与塔顶下来的环己烷逆流接触，使尾气中的烷冷凝下来。塔底的环己烷由 P202 送入 E202 加热到预期的反应温度后送去氧化单元，塔顶气体进入冷却洗涤塔 T201 的塔底，T202 塔顶温度正常在 145℃ 左右，一般不得低于 125℃，以免氧化尾气中的水被冷凝带入氧化釜。

吸收系统工艺流程图如图 3-9 所示，PID 图如图 3-10 所示。

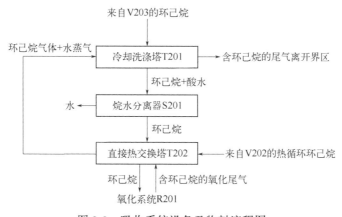

图 3-9 吸收系统设备及物料流程图

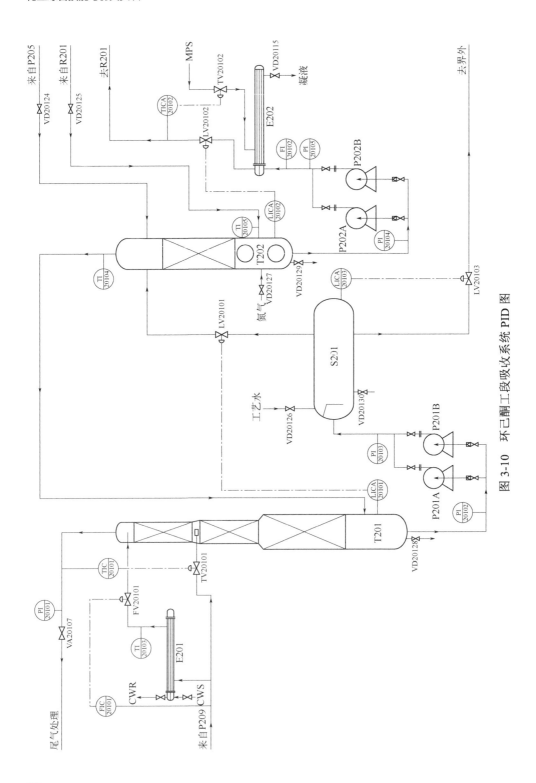

图 3-10 环己酮工段吸收系统 PID 图

冷却洗涤塔 T201 塔顶进料是含量为 99.87% 的环己烷，进料温度控制在 40℃；塔底出料是含量为 99.16% 的环己烷，出料温度为 130℃。

直接热交换塔 T202 进料是含量为 99.42% 的环己烷，进料温度为 130℃；塔顶回流是含量为 99.89% 的环己烷，回流温度为 113℃；塔底出料是含量为 99.56% 的环己烷，出料温度为 159℃。

2. 氧化系统

氧化系统是环己烷制取环己酮的主要系统。该系统将吸收系统预热后进入氧化釜的环己烷物料，与来自外界的空气直接反应生成中间产物环己基过氧化氢；该中间产物经冷却后进入分解反应器，在碱性条件与催化剂作用下选择性分解生成环己酮与环己醇，并送去精馏系统进行粗精制。其主要设备包括氧化反应器（R201），分解反应器（R202），氧化换热器（E203），分解换热器（E204），废碱分离器（S202），催化剂罐（V201），泵（P203、P204）。

氧化系统所用的环己烷由加料泵 P202 经氧化进料加热器 E202 流入氧化反应器 R201。氧化所需空气来自外界，空气压力 1250kPa，烷和空气在氧化反应器 R201 中进行无催化氧化反应。氧化釜的空气通入量由 FIC20201 控制，约为 11.4t/h。在氧化反应中，反应热是通过环己烷蒸发，由氧化尾气带走，再通过吸收系统回收此反应热。氧化反应的温度由反应釜上的 TI20201 指示，约为 165℃；氧化反应器 R201 的压力由 PI20201 指示，压力约为 1100kPa。在此条件下，进行搅拌，氧化反应结束后，最后含环己基过氧化氢和其他氧化产物的环己烷氧化液流出氧化反应器 R201。为了提高环己烷的收率，减少平行副反应，氧化单程转化率控制在约 3.5%（mol），此氧化液由氧化反应器 R201 通过 LICA20201 控制流入氧化换热器 E203，在此与废碱分离器过来的有机相进行热交换，然后进入分解换热器 E204，经 TIC20202 控制温度约 60℃后进入分解反应器 R202。当氧化尾气中氧浓度超标时，切断氧化反应器 R201 通入的空气，用中压氮吹扫氧化系统和吸收系统。

氧化反应中生成的环己基过氧化氢在分解反应器 R202 中，碱性条件下被钴盐催化剂选择性分解成环己酮和环己醇。分解反应的催化剂醋酸钴在 V201 中溶于水，溶液连续加入分解反应器 R202；反应所需的碱液来自外界。在分解反应器 R202 中温度约为 96℃，压力控制在 700kPa，分解反应器 R202 压力由 PIC20202 调节，压力升高则 PV20202A 打开，压力下降则打开 PV20202B 充入氮气。分解反应器 R202 中有机相与无机相之间的相比由废碱分离器 S202 底部循环的废碱控制。分解过程中启动搅拌，以保证有机相和无机相之间充分混合。分解后的液相进入碱分离器。

来自分解反应器 R202 的分解液进入废碱分离器 S202，依靠两相密度差进行重力沉降分离成有机相氧化产物和无机相废碱液，界面由 LICA20203 控制，低界面联锁 LLSL217，在分离器碱液面过低时产生联锁。分离出的废碱液一部分返回分解反应器 R202，另一部分经过 LV20203 去外界。有机相进入氧化换热器 E203 与来自氧化反应器 R201 的氧化液进行热交换，随后进入闪蒸罐 D201。

氧化系统工艺流程图如图 3-11 所示，PID 图如图 3-12 所示。

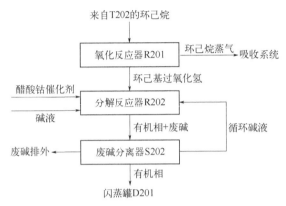

图 3-11　氧化系统设备及物料流程图

氧化反应器 R201 进料是含量为 99.56% 的环己烷，进料温度为 159℃；釜顶尾气是含量为 84.32% 的环己烷蒸气，温度为 165℃；釜底出料是含量为 3.42% 的环己基过氧化氢和含量为 94.95% 的环己烷混合物，出料温度为 165℃。

分解反应器 R202 进料是来自氧化反应器 R201 的釜底出料；经反应后的釜底出料是含有未反应的环己烷、水以及反应生成的环己醇、环己酮混合物，其中环己烷含量为 76.17%、环己醇含量为 1.46%、环己酮含量为 1.60%、水分含量为 16.78%，以及其他杂质。R201 出料温度为 96℃。

反应混合物经废碱分离器 S202 分离后，出料油相中环己烷含量为 95.76%、环己醇含量为 1.82%、环己酮含量为 1.98%，出料温度 96℃。

3. 精馏系统

环己烷精制部分主要是通过一个闪蒸罐和三个精馏塔把未反应的环己烷进行分离，回收其中未反应的环己烷，并得到粗环己酮。精馏系统中含有两个烷罐，用以回收环己烷，从苯加氢工段过来的环己烷进入精馏系统的烷罐，用于原料供给和大循环进料。其主要设备包括闪蒸罐（D201），烷一精馏塔（T203），烷二精馏塔（T204），烷三精馏塔（T205），烷回流槽（V202），烷冷凝槽（V203），再沸器（E205、E206、E207、E208），烷精馏塔冷凝器（E209），泵（P205A/B、P207、P209、P206、P208）。

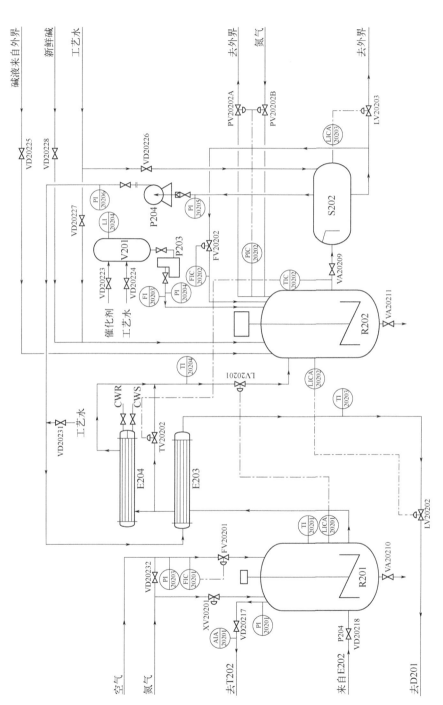

图 3-12　环己酮工段氧化系统 PID 图

从废碱分离系统来的有机相进入环己烷精馏系统的闪蒸罐 D201，在 D201 闪蒸，除去约 6%（质量分数）的环己烷和 77%（质量分数）的水，闪蒸的气相经 PV20301 进入烷三精馏塔 T205。D201 的压力由 PICA20301 控制在 700kPa，液位由 LICA20301 控制，塔釜液体经 LV20301 进入烷一精馏塔 T203。

从 D201 进入 T203 的物料，约 38%（质量分数）环己烷被蒸发，剩余部分由塔釜通过 LV20302 进入烷二精馏塔 T204，T203 液位由 LIC20302 控制；T203 塔顶蒸出的环己烷进入 T204 的再沸器 E206，在此冷凝的环己烷自流到 V202，T203 的压力由 PIC20302 控制在 500kPa，在 E206 中的未冷凝的环己烷蒸汽通过 PV20302 进入烷精馏塔冷凝器 E209，为了保证获得良好的塔顶产品，T203 回流量由 FIC20302 控制在 21.2t/h。由 FIC20301 控制通入再沸器 E205 中的中压蒸汽约为 11.0t/h，T203 塔顶温度由 TI20304 指示约为 143℃。

来自 T203 塔底的物料进入烷二精馏塔 T204，约 56%（质量分数）环己烷在此蒸发，其余物料由 LIC20304 控制经 LV20304 进入烷三精馏塔 T205，T204 塔顶产品进入 T205 的再沸器 E207，冷凝液自流到 V202，E207 中的未冷凝的环己烷蒸汽通过 PV20303 进入 E209。T204 正常的回流量由 FIC20303 控制在 25.2t/h，T204 塔顶压力由 PIC20303 控制在 206kPa，塔顶温由 TI20305 指示在约 123℃，釜温由 TIC20302 控制在 125℃。

来自 T204 的塔釜物料进入烷三精馏塔 T205，同时 D201 闪蒸的气相也进入 T205。T205 的塔顶产物与 E206 和 E207 的气相一起去冷凝器 E209，冷凝后的物料进入烷回流槽 V203，没有冷凝的烷和惰性气体去火炬排外。T205 的回流量由 FIC20305 控制在 22.6t/h，T205 大塔釜温度控制在 107℃，由 TI20306 指示。

在 T205 小塔釜通过再沸器 E208 通入中压蒸汽，以蒸去多余的环己烷，保证塔釜出料醇酮中含烷在 2%～5%（质量分数），由 TICA20303 控制小塔釜温度在 143℃，小塔釜底部产品由泵 P207 经 LIC20306 控制后送到皂化系统。

精馏系统工艺流程如图 3-13 所示；PID 图如图 3-14 所示。

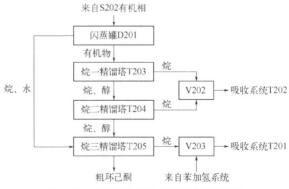

图 3-13　精馏系统设备及物料流程图

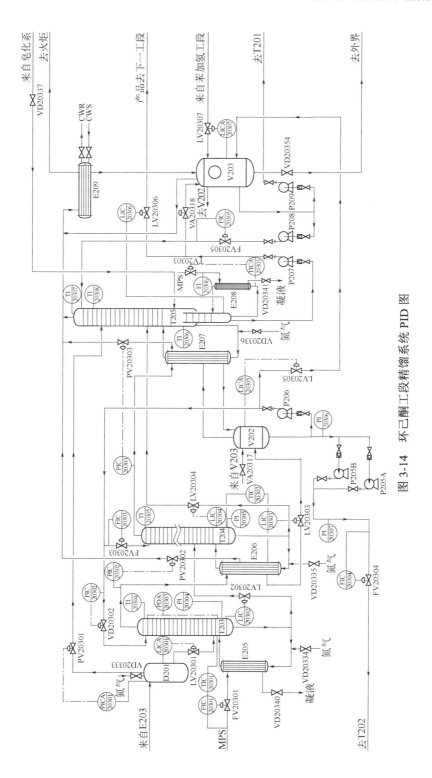

图 3-14　环己酮工段精馏系统 PID 图

重组分经精馏塔 T203、T204、T205 精馏后得到粗产物，环己酮含量为 47.74%、环己醇含量为 42.28%、环己烷含量为 4.98%，产品温度为 143℃。

（三）实训内容

1. 冷态开车

环己烷氧化工段冷态开车分四步进行。

① 准备公用工程。包括主要装置的氮气置换与充压、加工艺水、调配催化剂、开启冷凝水。

② 启动大循环。包括精馏系统进料、吸收系统进料、氧化系统进料，通常在精馏系统内部循环开车后，再对吸收系统和氧化系统进料，当闪蒸罐（D201）进料后，最终完成大循环开车，建立各设备液位；这一阶段在设备液位建立后，同时启动外部蒸汽，为再沸器以及预热换热器提供热物流。

③ 氧化开车。即通入空气，环己烷进行氧化；通入催化剂和碱液，过氧化物参与分解反应，得到目标产物。

④ 系统联调。待工段内各工艺参数稳定后，进行系统联调，自控阀门设自动。

环己烷氧化工段冷态开车步骤见附录 4。

2. 正常停车

环己烷氧化工段正常停车分五个部分进行。

① 停外部蒸汽。逐渐减小预热换热器和再沸器热物流供给，减小系统热推动力。

② 停设备进出料。按吸收系统、氧化系统、精馏系统的顺序逐级停止设备进出料；注意调整回流罐类设备的液位（如打开烷回流槽 V202 与烷冷凝槽 V203 之间的阀门）。

③ 泄液。在各级设备停进出料的同时，打开泄液阀向外界排液；精馏系统向烷冷凝槽排液。

④ 设备泄压。开大各级设备压力控制阀门，待设备至常压后关闭阀门。

⑤ 停公用工程。

环己烷氧化工段正常停车步骤见附录 5。

（四）事故及处理办法

1. TICA20102 阀卡低位

现象：TICA20102 温度显示偏低，E202 预热效果差。

处理：关闭控制阀的前阀和后阀，打开旁路阀，报修阀门。

2．E201 冷却水量不足

现象：T201 塔顶温度升高，TIC20101 阀门关小，FIC20101 流量正常。

处理：到现场检查 E201 冷却水系统。

3．P201 气蚀

现象：P201 出口压力和流量显示一直跳动。

处理：停泵检修，启用备用泵。

4．PV20202B 阀卡低位

现象：釜内压力降低，釜液沸腾。

处理：关 PV20202A 前后阀，打开 PV20202B，调整釜内压力。

5．LV20201 阀卡高位

现象：R201 液位下降，通气量一定时，尾氧含量高。

处理：关 LV20201 前后阀，打开旁路阀。报修阀门。

6．PIC20302 阀卡高位

现象：T203 塔顶压力过低，全塔温度下降，T204 再沸器加入蒸汽量减少，T204 塔温度下降。

处理：到现场调节阀的开度。

7．PICA20301 压力测量值偏高

现象：阀门自动开大，闪蒸量偏大。T205 塔顶产品重组分含量高，产品不符合要求。

处理：到现场检修压力测量仪。

8．PICA20301 压力测量值偏低

现象：阀门自动关小，闪蒸量偏小。LICA20301 液位显示降低，出现低液位报警。

处理：到现场检修压力测量仪。

9．TICA20303 阀卡低位

现象：小塔釜温度降低。

处理：到现场调节阀门开度。

10．LIC20303 阀卡低位

现象：TIC20302 温度显示变低，液位变高。

处理：到现场调节阀门开度。

思考题

① 苯加氢制备环己烷工段冷态开车过程中如何判断加氢主反应器 R101 是否正常工作？可能出现哪些异常情况？如何解决？

② 环己烷氧化制备环己酮反应的特点是什么？在氧化过程中水含量过高可能会出现什么现象？为什么要控制氧化单程的转化率为 3.5%？

第二节 美罗培南生产工艺仿真操作实训

一、工艺介绍

1. 还原工序原理

以缩合物、四氢呋喃、钯碳、甲醇、氢气等为原料，经加氢还原得美罗培南（三水化合物）粗品，再经精制得美罗培南（三水化合物）成品。

产品化学反应方程式如下：

$$\text{（化学结构式）} + 8H_2 \xrightarrow{\text{催化剂}}$$

$$\text{中间体a} + 2H_3C\text{—}\bigcirc\text{—}NH_2 + CO_2 + 4H_2O$$

2. 精制工序原理

以粗品、注射用水、活性炭、丙酮等为原料，进行溶解脱色、重结晶、干燥，得美罗培南（三水化合物）成品。

二、工艺流程

1. 还原工段

还原工段工艺流程如图 3-15 所示。

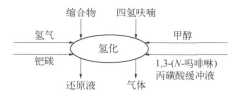

图 3-15　还原工段工艺流程图

在配料罐（R1001）中配制 0.1mol/L 1,3-(*N*-吗啡啉)丙磺酸缓冲液。氢化反应釜（R1002）清洗烘干后，关闭其他阀门，打开高真空阀门抽真空，然后充入氮气置换，反复两次。通过计量泵（P1001）向氢化反应釜（R1002）加入 521.5kg 缓冲液，然后通过计量泵（P1002）加入四氢呋喃 491.2kg，通过计量泵（P1003）加入甲醇 72.8kg。在氮气保护下，上口加入 92.2kg 固体缩合物和 9.2kg Pd-C 催化剂，关闭投料口。打开氢化釜夹套通入饱和蒸汽，控制温度在 28℃ 左右。在氮气保护下打开氢气入口阀门，通入来自钢瓶的氢气，压力维持在 0.5～0.6MPa，压力低于 0.5MPa 时补充氢气，反应 6h（如果反应过程中剧烈放热，冷却盘管内通入冷却水冷却）。

2. 还原后处理工段

还原后处理工段工艺流程如图 3-16 所示。

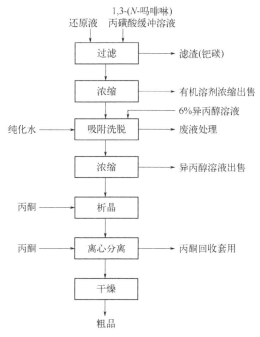

图 3-16　还原后处理工段工艺流程

反应结束后，关闭氢气入口阀，停止搅拌，夹套加大循环水量冷却。泄压，打开釜底放液阀，通入氮气将溶液压至脱碳过滤器（S1001）压滤，回收催化剂。通过计量泵（P1001）加入少量 0.1mol/L 缓冲液洗涤滤渣。洗涤液和滤液转移至中间接收罐（V1001）。中间接收罐（V1001）中滤液经离心泵（P1004）转移至浓缩釜（R1003），启动减压浓缩釜（R1003），抽真空使釜内压力降至一定值，同时打开蒸汽进出口和冷凝器（E1001）的冷却水进出水阀，控制釜内温度 35～40℃，维持釜内较稳定的沸腾状态，蒸出的四氢呋喃和甲醇气体经冷凝器（E1001）冷凝，打开放液阀，使冷凝液通过重力自流进入接收罐（V1002）收集，对外出售。浓缩结束后，关闭真空系统，打开减压浓缩釜釜底放液阀，用转子流量计通过离心泵（P1005）将浓缩液通入大孔吸附树脂柱（S1002）中，吸附结束后，用纯化水进行洗涤以除去残留在树脂中的部分杂质，然后用离心泵（P1006）将 6% 的异丙醇水溶液对吸附的美罗培南进行解吸。经大孔吸附树脂柱吸附后的流出液通入中间接收罐（V1003），废液通入废液罐。中间接收罐（V1003）中滤液经离心泵（P1008）转移至浓缩/结晶釜（R1005）中，启动减压浓缩/结晶釜，抽真空使釜内压力降至一定值，同时打开蒸汽进出口和冷凝器（E1002）的冷却水进出水阀，控制釜内温度 40℃，维持釜内较稳定的沸腾状态，蒸出的异丙醇气体经冷凝器（E1002）冷凝。打开放液阀，使冷凝液通过重力进入接收罐（V1005）收集。浓缩结束后，关闭真空系统，通过计量罐（V1004）通入丙酮 500.9kg，打开浓缩结晶釜的夹套进出口，通冷冻盐水将釜体降温至 0～5℃，搅拌下析晶 2.5h。结晶完成后，打开结晶釜釜底放液阀，结晶后料浆通过重力自流进入离心机（S1003）中过滤干燥，然后在滤液接收装置中抽真空，滤液抽滤至丙酮回收罐，首次过滤完成后，通过计量罐（V1004）喷淋少量丙酮洗涤液，离心同时将洗涤液滤出至丙酮回收罐，达到分离要求后，停机。离心机自动卸料。

离心完成后，将滤饼送至干燥机（S1004）中干燥，即得美罗培南粗品。

3. 精制工段

打开脱色釜（R1006）注射用水阀门加入 951.9kg 的纯化水，从投料口加入 53.3kg 粗品，2.7kg 活性炭，关闭投料口，打开脱色釜夹套冷冻盐水进出口，控制温度 0～5℃，开搅拌装置，搅拌下脱色 30min。

脱色结束后，打开釜底放料阀，通入氮气将溶液压出，转移至板框过滤器（S1005）压滤，脱碳，滤渣回收处理。滤液经氮气压入 0.5μm 精密滤芯过滤器（S1006）过滤，再通过 0.22μm 精密滤芯过滤器（S1007）过滤。滤液通过氮气压至结晶釜（R1007）中。

启动结晶釜（R1007），打开循环水进出口阀，降至室温后，关闭循环水进水阀。随后，打开循环水进出水连接阀和压缩空气进气阀，排尽夹套内循环水，关闭所有阀门。打开冷冻盐水进出水阀，继续降温至 0～5℃，减少冷冻盐水用量，维持温度不变。从丙酮储罐中通过离心泵（P1009）将丙酮依次过 0.5μm 精密滤芯过滤器（S1008）和 0.22μm 精密滤芯过滤器（S1009）过滤到计量罐（V1006）中，通过计量罐向结晶釜中加入丙酮 471kg，打开搅拌器缓慢搅拌，析晶 2.5h。

结晶完成后，打开釜底放液阀，通入氮气将溶液压出，转移至三合一设备中（S1010），滤液通过滤床被抽滤至滤液收集器，滤饼逐渐在滤床上形成。通过喷淋少量纯化水洗涤，启动搅拌器反向搅拌，使滤饼重新形成混和悬浮液。通过操作搅拌器，轻轻地挤压滤饼，挤出残余液体。在过滤器上的夹套内通热水加热干燥（控制温度 40℃），同时在过滤器的顶部和底部抽真空。挥发的残余溶剂，通过接收装置上的冷凝器浓缩并回收。最后经过搅拌器在卸料方向的旋转和同时的下降运动，搅拌器刮铲一层一层地顺序将滤饼刮出，滤饼可从卸料口自动出料，得到白色结晶性粉末——美罗培南精品（含量≥99%）。

母液中的丙酮精馏回收套用，残留物送至市政处理，干燥后的物料通过移动料仓转移至粉碎、包装工序。

精制工段工艺流程如图 3-17 所示。

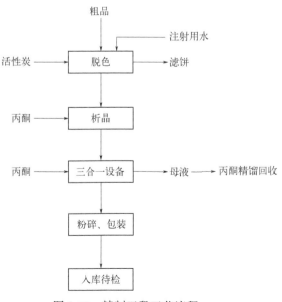

图 3-17　精制工段工艺流程

4. 粉碎、包装工段

干燥后的物料进入粉碎机（S1011），进行粉碎。粉碎后的物体通过移动料仓进入混合机（S1012）。

混合后的物料由移动料仓转移至包装机（S1013）进行装料，规格 5kg/听。

三、实训内容

美罗培南生产工段主要包括六部分。

① 1,3-(N-吗啡啉)丙磺酸缓冲液配置

② 氢化反应

③ 减压浓缩

④ 浓缩结晶

⑤ 脱色精制

⑥ 干燥包装

具体开车步骤见附录 6。

四、实训 3D 操作内容

1. 启动方式

① 双击"启动项目"图标。

② 点击"培训工艺"和"培训项目"，根据教学学习需要点选某一培训项目，然后点击"启动项目"启动软件。

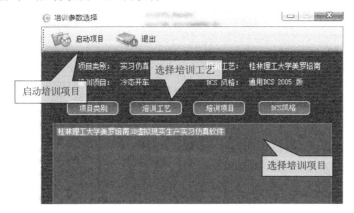

2. 软件运行界面

3D 场景仿真系统运行界面如下所示。

操作质量评分系统运行界面如下所示。

3. 3D 场景仿真系统介绍

（1）视野调整

用户在操作软件过程中，所能看到的场景都是由摄像机来拍摄，摄像机跟随当前控制角色（如培训学员）。所谓视野调整，即摄像机位置的调整。

● 按住鼠标左键在屏幕上向左或向右拖动，可调整操作者视野即摄像机位置向左转或是向右转，但当前角色并不跟随场景转动。

● 按住鼠标左键在屏幕上向上或向下拖动，可调整操作者视野即摄像机位置向上或是向下，相当于抬头或低头的动作。

● 滑动鼠标滚轮向前或是向后转动，可调整摄像机与角色之间的距离变化。

（2）视角切换

点击空格键即可切换视角，在默认人物视角和全局视角间切换。

（3）操作阀门

当控制角色移动到目标阀门附近时，鼠标悬停在阀门上，此阀门会闪烁，代表可以操作阀门；如果距离较远，即使将鼠标悬停在阀门位置，阀门也不会闪烁，代表距离太远，不能操作。

● 左键双击闪烁阀门，可进入操作界面。

● 在操作界面上方有操作框，点击后进行开关操作，同时阀门手轮或手柄会相应转动。

● 按住上下左右方向键，可调整摄像机以当前阀门为中心进行上下左右地旋转。

● 滑动鼠标滚轮，可调整摄像机与当前阀门的距离。

● 单击右键，退出阀门操作界面。

（4）查看仪表

当控制角色移动到目标仪表附近时，鼠标悬停在仪表上，此仪表会闪烁，说明可以查看仪表；如果距离较远，即使将鼠标悬停在仪表位置，仪表也不会闪烁，说明距离太远，不可观看。

● 在仪表界面上显示有相应的实时数据，如温度、压力等。

（5）操作电源控制面板

电源控制面板位于实验装置旁，可根据设备名称找到该设备的电源面板。当控制角色移动到电源控制面板目标电源附近时，鼠标悬停在该电源面板上，此电源面板会闪烁，出现相应设备的位号，说明可以操作电源面板；如果距离较远，即使将鼠标悬停在电源面板位置，电源面板也不会闪烁，代表距离太远，不能操作。

● 在操作面板界面上双击绿色按钮，开启相应设备，同时绿色按钮会变亮。

● 在操作面板界面上双击红色按钮，关闭相应设备，同时绿色按钮会变暗。

● 按住上下左右方向键，可调整摄像机以当前控制面板为中心进行上下左右地旋转。

● 滑动鼠标滚轮，可调整摄像机与当前电源面板的距离。

4．功能钮介绍

点击某功能钮后弹出一个界面，再次点击该功能钮，界面消失。下面介绍操作中几个常用的功能钮。

（1）操作功能

单击"操作"功能钮，会出现如下图所示的操作帮助。

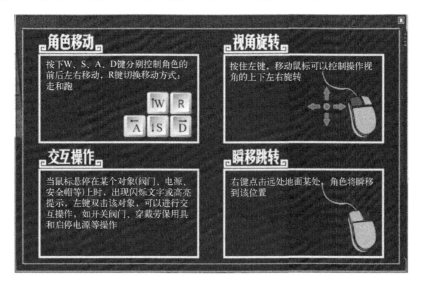

① 按住 W、S、A、D 键可控制当前角色向前、后、左、右移动。

② 空格键进行高空视角切换，可以配合鼠标右键瞬移。

③ 按住 Q、E 键可进行左转弯与右转弯。

④ 点击 R 键或功能钮中"走跑切换"按钮可控制角色进行走、跑切换。

⑤ 按住鼠标左键在屏幕上向左或向右拖动，可调整操作者视野即摄像机位置向左转或是向右转，但当前角色并不跟随场景转动。

⑥ 鼠标右键点击一个地点，当前角色可瞬移到该位置。

⑦ 通过鼠标左键点击左上角人物头像，可以切换当前角色。

（2）查找功能

左键点击"查找"功能钮，弹出查找框。适用于知道阀门位号、不知道阀门位置的情况。

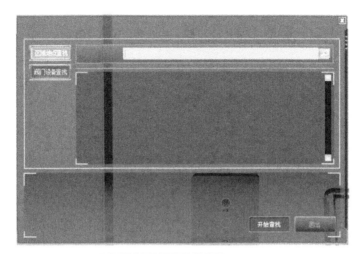

● 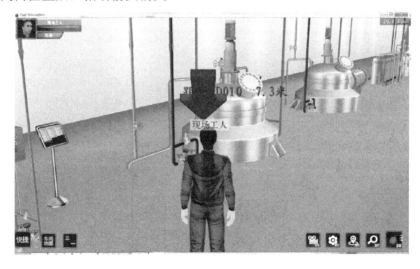：上部为搜索区，在搜索栏内输入目标阀门位号，如 VA101，按回车或 🔍 开始搜索，在显示区将显示出此阀门位号；也可直接点击 🔍，在显示区将显示出所有阀门位号。

● ：中部为显示区，显示搜索到的阀门位号。

● ：下部为操作确认区，选中目标阀门位号，点击"开始查找"按钮，进入到查找状态；若点击"退出"，则取消此操作。

● 进入查找状态后，主场景画面会切换到目标阀门的近景图，可大概查看周边环境。点击右键退出阀门近景图。

主场景中当前角色头顶出现绿色指引箭头，实时指向目标阀门方向，到达目标阀门位置后，指引箭头消失。

（3）地图功能

左键点击"地图"功能钮，弹出地图，可以实时显示操作工人在厂区内的具体位置。

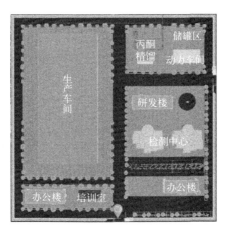

（4）巡演功能

左键点击"巡演"功能钮，可以调出厂区漫游，帮助你快速熟悉厂区。

（5）车间地图功能

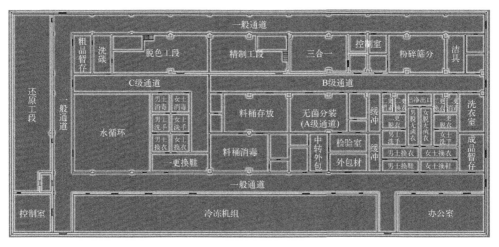

● 左键点击"车间地图"便会出现车间的平面图，图中利用通道表示出了不同的洁净区域，分为一般洁净区、C级洁净区和B级洁净区。左键单击各个区域边框便可瞬移到单个车间内。

（6）视角切换功能

三/一为视角切换功能。三代表第三人称视角，一代表第一人称视角。点击三/一便可进行视角的切换。

五、主要操作组画面

1. 氢化反应 DCS 和 3D 画面

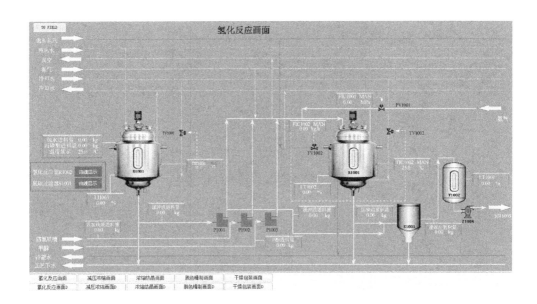

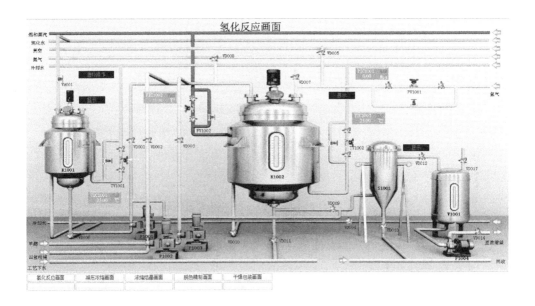

2. 减压浓缩 DCS 和 3D 画面

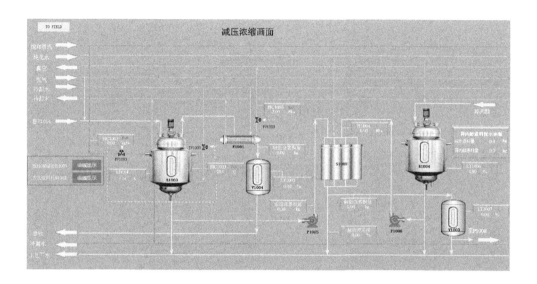

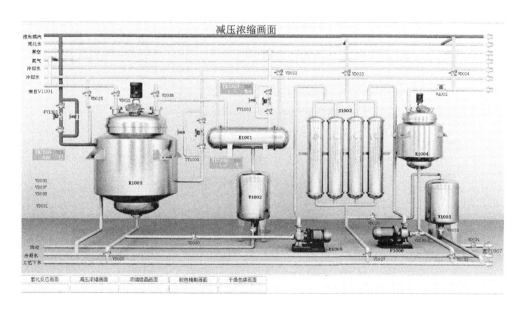

3. 浓缩结晶 DCS 和 3D 画面

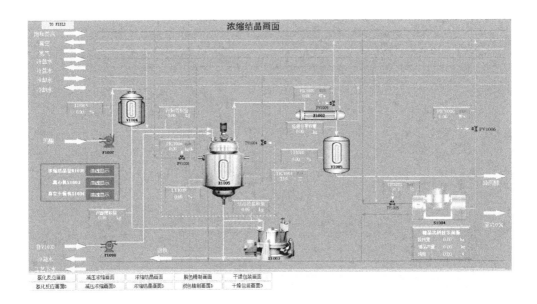

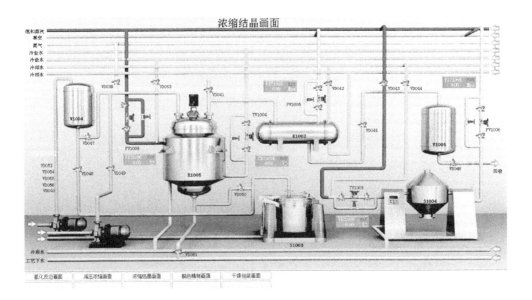

4. 脱色精制 DCS 和 3D 画面

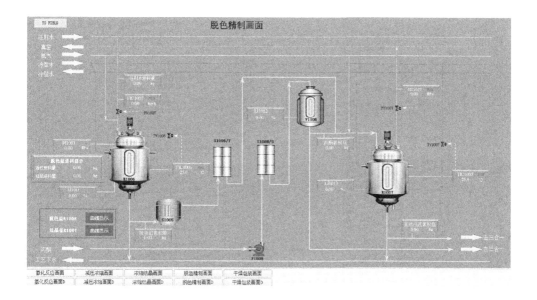

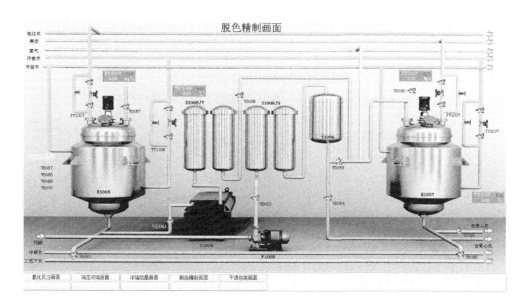

5. 干燥包装 DCS 和 3D 画面

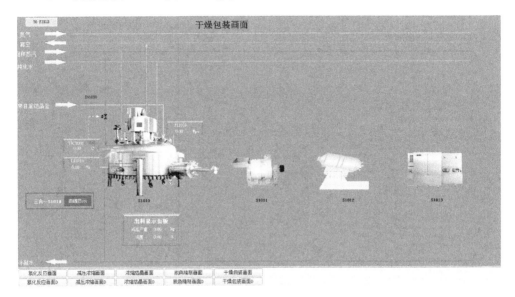

干燥包装画面

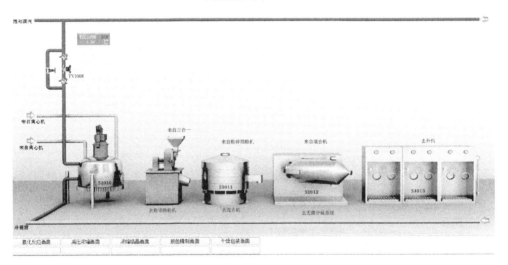

 思考题

① 还原后处理工段加入异丙醇的主要作用是什么？
② 在精制工段，使用的两种精密过滤器有什么区别？

参考文献

[1] 宋婧. 关于乙酸乙酯生产工艺流程的仿真研究[J]. 化工管理, 2016, (14): 228.

[2] 刘军海, 袁青, 姜松, 等. 谈化工专业学生校内毕业生产实训实习教学平台建设——以乙酸乙酯生产线为例[J]. 当代化工研究, 2021, (19): 128-130.

[3] 李小东, 许婧文, 巨婷婷. 乙酸乙酯生产工艺研究进展及市场分析[J]. 云南化工, 2019, 46(4): 158-159.

[4] 王丽飞, 文萍, 沐宝泉, 等. 基于 DCS 的乙酸乙酯生产综合实训控制系统[J]. 当代化工, 2015, 44(6): 1330-1331+1347.

[5] 王丽飞, 文萍, 沐宝泉. 乙酸乙酯生产综合实训教学平台的建设[J]. 实验室科学, 2016, 19(1): 159-161.

[6] 李东光. 实用液体洗涤剂配方手册[M]. 北京: 化学工业出版社, 2010.

[7] 李东光. 洗衣液配方与制备工艺[M]. 北京: 化学工业出版社, 2019.

[8] 龚盛昭. 日用化学品配方与制造工艺[M]. 北京: 化学工业出版社, 2020.

附录 1
制药和精细化工实训
装置 DCS 操作说明

1. 软件操作说明

双击桌面 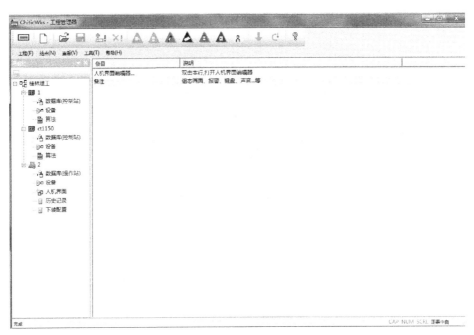 快捷键，启动"制药和精细化工实训装置 DCS 软件"，进入软件主界面，主界面如图 1 所示。

图 1　制药和精细化工实训装置 DCS 软件主界面

主界面中主要有制药和精细化工实训装置 DCS 软件的控制站和操作站，控制站用来定义数据库和实现逻辑控制，操作站用来组态人机界面，实时显示设备的温度、压力、流量等运行数据及整个设备的运行流程，如图 2 所示。

鼠标选中图 2 中操作站中任意一项功能，主界面最上端菜单栏如下，

在主界面最上端菜单栏处，找到 图标，单击此图标，即可进入用户登录界面，用户登录界面如图 3 所示，在用户登录界面的用户名处选择为"工程师"，密码处选择为"空"，点击"确定"按钮，即可进入运行画面，如图 4 所示。

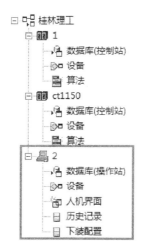

图 2　制药和精细化工实训装置 DCS 软件控制站、操作站界面

图 3　用户登录界面

通过点击运行界面最上端菜单栏处按键，切换各个工段运行界面，各个工段运行界面如"7. 制药和精细化工实训装置 DCS 界面介绍"所示。

鼠标点击运行界面最上端菜单栏处按键，即可退出整个运行界面。

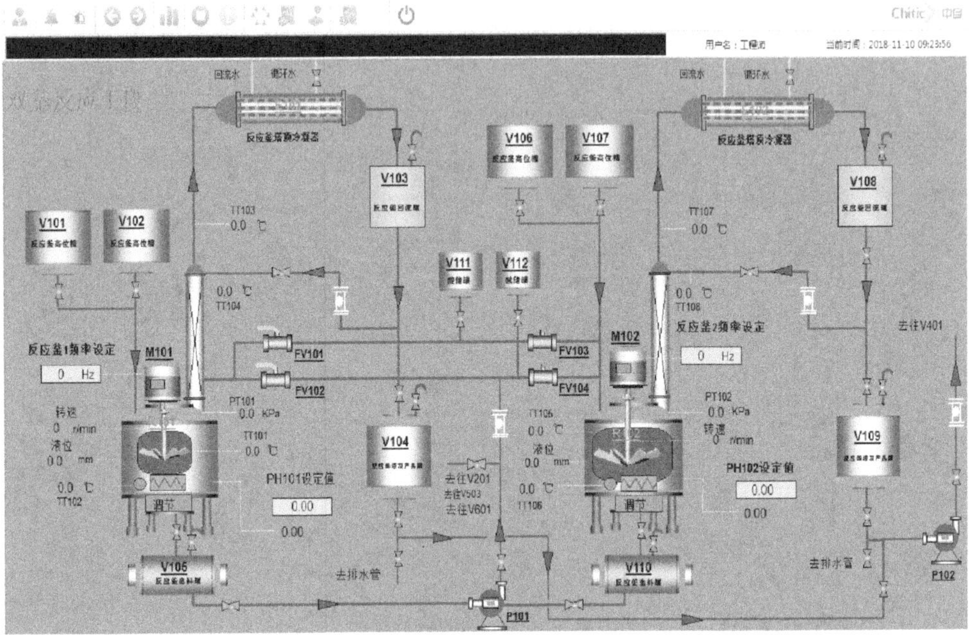

图4　运行界面

2. 反应釜加热操作说明

（1）反应釜加热主要由 PID 逻辑运算实现。打开双釜反应工段 DCS 界面，点击反应釜 R101 底部 ▒▒▒ 按钮，完成加热启动信号给定，点击 R101 底部"调节"按钮，弹出"反应釜 1 温度_主调"和"反应釜 1 温度_副调"加热的 PID 控制参数设置界面，如图 5 所示。

加热 PID 控制，即将需要加热的设定温度与采集的温度实时比较，根据温度的偏差及设定的 PID 参数进行调整，输出信号至加热调节模块，使采集的加热温度保持在设定温度附近。

串级控制：由 2 个 PID 控制器实现串联控制，反应釜内胆作为主调，反应釜夹套作为副调，在主调内胆 PID 参数设置处设置需要加热的温度，由主调内胆 PID 运算后将输出信号值作为副调的温度设定值，由副调夹套的 PID 控制器进行运算，得到的信号控制加热模块进行加热，实现对主调内胆进行更好的加热控制。

单级控制：由单个 PID 控制器实现控制，直接由副调（夹套）实现 PID 控制，输出信号至加热模块实现加热，此 PID 控制不需设置内胆设定温度。

（2）在图 6 中"反应釜 1 温度_主调"界面鼠标点击"串级"，"反应釜 1 温度_副调"界面鼠标点击"自动"，主调和副调运行指示灯变为绿色，为加热自动控制。

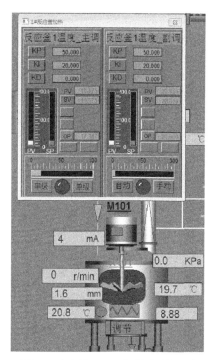

图 5　反应釜 R101 加热控制界面

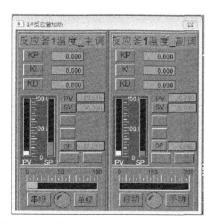

图 6　反应釜 R101 加热自动控制设置界面

　　点击"反应釜 1 温度_主调"和"反应釜 1 温度_副调"的"KP""KI""KD"按钮即可设置 P、I、D 参数。点击"KP"按钮,在弹出的"输入值"对话框中输入数值"50",点击"确定",即可完成 KP 参数的设置,如图 7 所示,KI、KD 参数设置方法与此一致,将"反应釜 1 温度_主调"和"反应釜 1 温度_副调"的 KP 都设置为 50，KI 都设置为 20，KD 都设置为 0，即可完成 P、I、D 参数的设置，参数设置完成界面如图 8 所示。

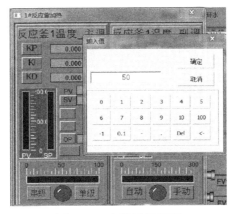

图 7　KP 参数设置界面

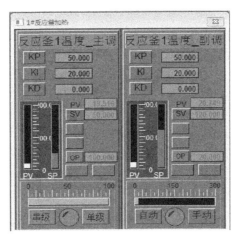

图 8　P、I、D 参数及 SV 设置完成界面

（3）在 P、I、D 参数设置完成后，点击"反应釜 1 温度_主调"的"SV"按钮，设置温度，设置方式同 KP 参数设置。"反应釜 1 温度_副调"的 SV 不需要设置，由 PID 算法运算得到。

（4）"反应釜 1 温度_主调"界面鼠标点击"单级"，"反应釜 1 温度_副调"界面鼠标点击"手动"，主调和副调运行指示灯变为红色，为加热手动控制，如图 9 所示。

加热手动控制不需要设置 PID 参数，只需点击"反应釜 1 温度_副调"界面处"OP"按钮，输入 0～100 之间的数值，对应参数电流为 4～20mA，点击

"确定"按钮，即可完成参数设置，如图 10 所示，"反应釜 1 温度_主调"不设置。参数设置完成界面如图 11 所示，参数设置完成后，点击"1#反应釜加热"操作界面右上端按键 ，即可关闭"1#反应釜加热"操作界面。

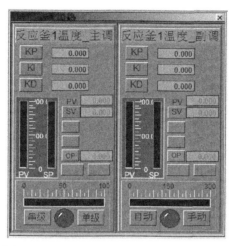

图 9　反应釜 R101 加热手动控制设置界面

图 10　反应釜 R101 加热 OP 设置界面

3. 变频搅拌电机及离心机操作说明

点击"双釜反应工段"反应釜 R101 搅拌电机 M101，弹出电机启动运行对话框，鼠标点击"打开"，点击"确定"按钮后，完成搅拌电机启动，如图 12 所示，在图 13 中，在 M101 左端"反应釜 1 频率设定"处输入频率 50 Hz，点击"确定"，即将频率设置为 50Hz，并在"反应釜 1 频率设定"输入框下端处显

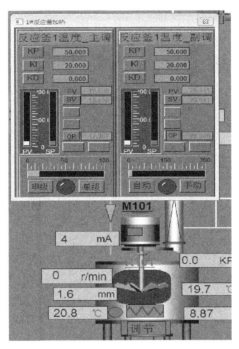

图 11　反应釜 R101 手动加热参数设置完成界面

注：反应釜 R102 加热控制设置方式同釜 R101。

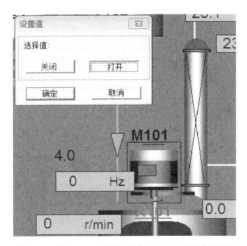

图 12　釜 R101 搅拌电机 M101 启动界面

示搅拌电机 M101 转速 127r/min，反应釜 R102 搅拌电机 M102、结晶釜搅拌电机 M601、离心机 S602 操作方式同 M101，其中 M101、M102、M601 最高转速为 127r/min，转速与频率对应关系为：$n=2.54P$。离心机 S602 最高转速为 3000r/min，转速与频率对应关系为：$n=60P$（其中 n 为转速，P 为频率）。

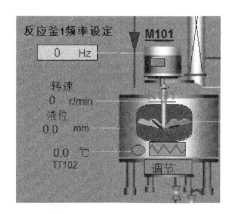

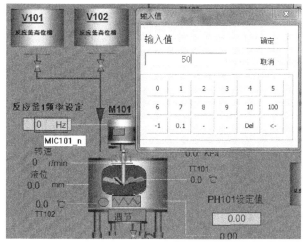

图 13 反应釜 R101 搅拌电机 M101 频率设置界面

4. 蠕动泵操作说明

点击"吸附脱色和精馏工段"运行界面，点击蠕动泵 P301，弹出蠕动泵 P301 启动运行对话框，点击"打开"按钮，再点击"确定"按钮，完成蠕动泵的启动操作，如图 14 所示，再点击"P301 信号设定"窗口，跳出"输入值"对话框，在对话框中输入信号"20mA"，点击"确定"按钮，完成 P301 信号设定，如图 15 所示，蠕动泵按照设置的信号运转，对应蠕动泵最高转速350r/min，最大流量 100mL/min，蠕动泵 P302、P401、P402、P501 操作方式与此一致。

公式：$Y=6.25X-25$，其中 Y 为流量，L/h；X 为电流，mA。

5. 精馏和空气加热操作说明

（1）打开"精馏工段和干燥工段"运行界面，点击精馏塔 T301 底部红色

按钮 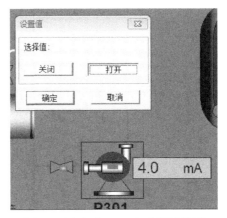，跳出设置值对话框，选择值"1"，启动精馏塔加热，选择值"0"，停止加热控制，如图 16 所示。

图 14 蠕动泵 P301 启动设置界面

图 15 蠕动泵 P301 信号设置界面

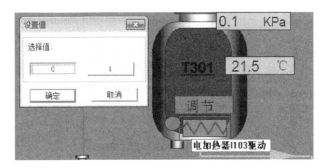

图 16 精馏塔加热控制启动操作界面

（2）点击精馏塔 T301 底部"调节"按钮，跳出"精馏塔温度控制"操作框，点击操作框中"自动"按钮，指示灯为绿色，为"自动控制"。如图 17 所示。

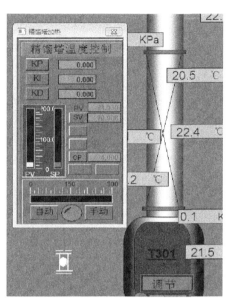

图 17　精馏塔自动加热控制操作界面

点击"精馏塔温度控制"操作框的"KP"、"KI"、"KD"按钮即可设置 P、I、D 参数，点击"KP"按钮，在跳出的"输入值"对话框中输入数值"50"，点击"确定"，即可完成 KP 参数的设置，如图 18 所示，其中 KI、KD 参数设置方法与此一致，完成 P、I、D 参数的设置（KI 设置为 20，KD 设置为 0）。

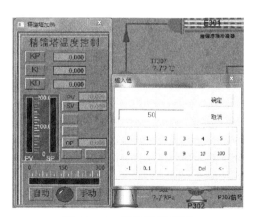

图 18　KP 参数设置界面

（3）在 P、I、D 参数设置完成后，点击"精馏塔温度控制"操作框的"SV"按钮，设置温度，设置方式同 KP 参数设置，例如 20℃。如图 19 所示。

（4）点击"精馏塔温度控制"操作框的"手动"按钮，指示灯为红色，为"手动控制"。如图 20 所示。

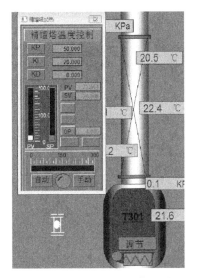 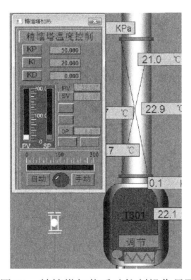

图 19　P、I、D 参数及 SV 参数设置完成界面　　图 20　精馏塔加热手动控制操作界面

点击"精馏塔温度控制"操作框的"OP"按钮输入 20mA 信号（量程为 4～20mA），点击"确定"按钮，则对应加热最大功率，如图 21 所示。

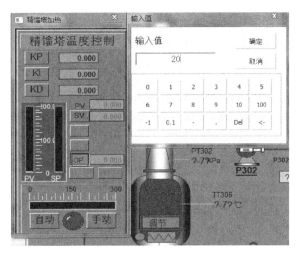

图 21　精馏塔加热手动输出信号 OP 操作界面

注：空气加热操作方式和精馏塔加热操作方式一致。

6. 电动蝶阀流量操作说明

（1）电动蝶阀由 PID 控制器实现控制，打开"干燥工段"运行界面，点击流化床干燥器 T701 下端"流量设定"输入框，例如输入设定值 30，则电动蝶阀根据设定的流量值进行 PID 运算，根据得到的输出信号控制调节阀的开度，如图 22 所示。

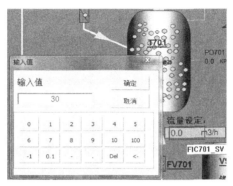

图 22　电动蝶阀流量设定操作界面

（2）关闭 P702 电机，则将流量设定值设为 0，调节阀停止运行。

7. 制药和精细化工实训装置 DCS 界面介绍

制药和精细化工实训装置 DCS 界面主要包括 8 个工段 DCS 界面，分别为双釜反应工段界面、吸附脱色工段界面、精馏工段界面、萃取工段界面、蒸发浓缩工段界面、结晶过滤工段界面、干燥工段界面、恒压供水工段界面，各个界面如图 23 所示。

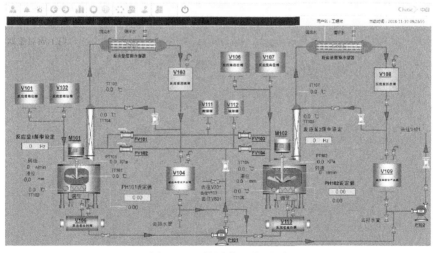

图 23　双釜反应工段界面

双釜反应工段 DCS 界面主要对反应釜 R101、R102 的温度、压力、流量等参数实时显示；反应釜加热、泵 P101、泵 P102 启停控制，电磁阀 FV101、FV102、FV103、FV104 启停控制，搅拌电机 M101、M102 变频控制。

吸附脱色和精馏工段 DCS 界面（图 24）主要实时显示脱色泵温度、压力、精馏塔温度、压力参数，脱色泵 P201、P202 启停控制，精馏塔 T301 加热控制，泵 P301、P302、P303 启停控制。

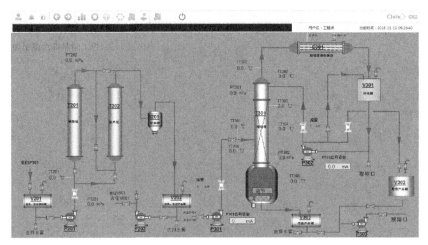

图 24　吸附脱色和精馏工段界面

萃取和蒸发浓缩工段 DCS 界面主要实时显示萃取塔温度、蒸发工段温度、压力参数；实现对轻相泵 P401、重相泵 P402、蒸发液进料泵 P501 启停控制，萃取搅拌电机 M401 变频控制，如图 25 所示。

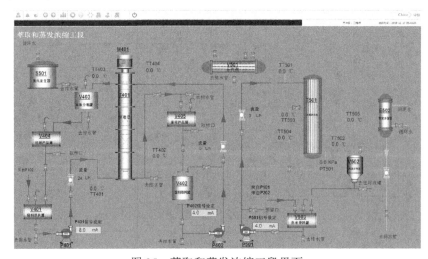

图 25　萃取和蒸发浓缩工段界面

结晶分离和干燥工段 DCS 界面主要实时显示结晶釜温度、压力，流化床、干燥塔温度、压力、流量、供水工段压力参数；实现对空气加热控制，结晶釜进料泵 P601、引风机 P701、鼓风机 P702、高压泵 P901 启停控制，结晶釜搅拌电机 M601、离心机 S602 变频控制，如图 26 所示。

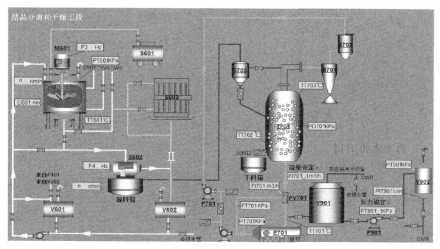

图 26 结晶分离工段、干燥工段和恒压供水工段界面

附录2
苯加氢工段冷态开车步骤

	一 投热油系统	
1	热油系统用低压氮气置换合格；全开热油膨胀罐 V101 底部阀门 VA10221	
2	全开热油回流阀门 VA10220	
3	全开热油系统充油阀门 VA10216	
4	全开热油系统充油阀门 VA10217	
5	全开热油系统充油阀门 VA10218	
6	全开热油系统充油阀门 VA10219	
7	全开热油系统高点排气阀 VA10212，其阀门与热油膨胀罐 V101 相通	
8	全开热油系统高点排气阀 VA10213，其阀门与热油膨胀罐 V101 相通	
9	全开热油系统高点排气阀 VA10214，其阀门与热油膨胀罐 V101 相通	
10	全开热油系统高点排气阀 VA10215，其阀门与热油膨胀罐 V101 相通	
11	全打开阀门 VA10234 给整个热油系统充油	
12	当热油膨胀罐 V101 液位 LI10201 稳定在 80%后，热油系统完全装满油	
13	打开热油循环泵 P102A 前阀 VD10206	
14	打开热油循环泵 P102A 电源开关 P102A	
15	全开热油循环泵 P102A 后阀 VA10205	
16	打开热油循环系统三通阀 VA10210 至 50%左右，热油循环通过整个系统	

17	调节三通阀 VA10210，使热油通过反应器 R101 上冷却室的量 FI10204 达到 298.948t/h
18	调节三通阀 VA10210，使热油总循环量由位于泵 P102A/B 出口管线上的 FI10203 显示为 373.685t/h
19	热油循环系统热油循环量达到要求后，逐渐关闭热油膨胀罐 V101 底部阀门 VA10221。【注】由于热油管道较多、较长，若热油没有循环充分，突然切断热油来源阀门，可能会导致循环量不达标，因此这里需要"逐渐"关闭，以保持热油循环量的稳定
20	热油系统完全装满油后，关闭阀门 VA10234

二 废热锅炉升温

1	打开锅炉给水调节阀 LV10203 前截止阀 VD10208
2	打开锅炉给水调节阀 LV10203 后截止阀 VD10209
3	打开锅炉给水调节阀 LV10203 至 50%左右，给废热锅炉 E107 加水
4	建立废热锅炉 E107 液位 LIC10203 为 50%
5	打开加热用中压蒸汽开关阀 VD10210，给系统升温
6	缓慢打开加热用中压蒸汽手操阀 VA10226 至 20%左右。【注】刚开始通入蒸汽时，由于锅炉内压力低于正常工况时压力，蒸汽的流通量会偏大，且锅炉内温度较低，会使通入的蒸汽迅速液化导致液位上升迅速，因此在这里要注意"缓慢"二字；参考操作：先开到 5%，然后做后面的步骤，随着炉温和炉内压力的升高，再慢慢开到 20%
7	打开 E107 排污开关阀 VD10211
8	当废热锅炉 E107 水位上升时，打开 E107 排污手操阀 VA10227，排放过量水，使锅炉水液位不致过高。【注】由于初始时锅炉内水温较低，蒸汽通入时，一方面大量液化，另一方面加热大量冷水也会导致热量的浪费，因此将冷水排出，既可以维持锅炉的液位稳定，又可以提高升温效果
9	打开锅炉排液冷却器 E109 的冷却水阀门 VA10230 至 50%
10	全开废热锅炉 E107 蒸汽放空阀 VA10229
11	打开废热锅炉 E107 蒸汽调节阀 TV10205 至 50%左右，控制 E107 升温速度在 15~20℃/h

12	热油系统 TIC10205 升温至 98～100℃后，暂缓升温
13	检查 V101 无气体排出时和 P102A/B 无气缚时，热油系统 TIC10205 升温至 130～150℃后恒温。【注】这一步骤在仿真中并无相应操作。但在实际工厂中，热油循环的温度和流量对整个苯加氢反应生产过程非常重要，工厂会在开车时严格检查热油循环泵的运行状态

三　系统置换与试漏

1	确认苯蒸发器压力调节阀 PV10202 全关，将电磁阀 XV10201 打开
2	联系高压氮气岗位供中压氮气，缓慢打开氮气阀 VA10204 至 50% 左右。【注】在工业生产中，高压气流如果突然进入低压管道，可能会形成"空气炮"，损伤管道，严重时可能会发生事故，因此，工厂中打开氮气总阀充压时，要注意"缓慢"
3	打开中压氮气进新鲜氢管线上压力调节阀 PV10202 前截止阀 VD10202
4	打开中压氮气进新鲜氢管线上压力调节阀 PV10202 后截止阀 VD10203
5	打开脱硫反应器 R103 入口阀 VA10301 至 50%
6	打开加氢后反应器 R102 入口阀 VA10302 至 50%
7	打开氢气循环压缩机 C101 后管线上的开关阀 VD10201
8	打开氢气循环压缩机 C101 后管线上的手操阀 VA10202 至 50% 左右
9	逐渐打开压力调节阀 PV10202 向苯加氢系统缓慢充压，充压速度要小于 900kPa/10 min
10	建立系统压力 PIC10202 至 0.3MPa，系统进行查漏、消漏。【注】在苯加氢实际工厂生产中，开车时，要对系统在大小不同的压力条件下进行保压试漏（保压时间 48～72h），以确保安全生产
11	全开循环氢压缩机 C101 入口阀 VA10305
12	全开循环氢压缩机 C101 出口阀 VA10306
13	按循环氢压缩机 C101 的电源开关
14	注意 C101 进出口压差不能太大（小于 200kPa）；当压力上升到 2.6MPa 以上后，此步骤结束
15	打开 D103 顶部气相组分调节阀 AV10301 前截止阀 VD10315
16	全开 D103 顶部尾气去排放管线上的阀门 VA10310

17	打开 D103 顶部气相组分调节阀 AV10301 至 20%左右
18	逐渐开大 PV10202，将系统压力 PIC10202 升至 1.5～2.0MPa，对系统查漏，消漏
19	出口含氧量小于 0.5%（体积分数）合格后，系统置换结束
20	关闭中压氮气进新鲜氢管线手动阀 VA10204，通知停供中压氮气
21	关闭苯蒸发器压力调节阀 PV10202
22	关闭 D103 顶部气相组分调节阀 AV10301，系统保压

四　加氢系统保压

1	通知系统供氢，全开供氢气管线手动阀门 VA10201
2	打开苯蒸发器压力调节阀 PV10202 至 50%左右
3	通过调节 PV10202，缓慢将系统压力 PIC10202 升至 2.0MPa
4	逐渐打开 D103 顶部气相组分调节阀 AV10301 至 10%左右，逐步将系统中的氮气用氢气置换出去
5	调节 E107 中压蒸汽加热管线阀门，使废热锅炉 E107 的循环热油温度 TIC10205 升至 200℃。【注】此时，随着锅炉内压力的升高，通入的加热蒸汽流量会变小，此时可适当开大蒸汽管线阀门，提高锅炉温度
6	控制废热锅炉 E107 的循环热油温度 TIC10205 在 200℃
7	控制废热锅炉 E107 的液位 LIC10203 在 50%
8	打开脱氢氢气管线上的阀门 VA10203 至 50%左右
9	打开脱氢氢气管线上的电磁阀 XV10202
10	通过调节 PV10202，逐步将系统压力 PIC10202 升至 3.1MPa。苯加氢高压部分进行 24 h 密封性试验（泄漏率≤0.2%/h）

五　苯干燥系统

1	苯干燥塔 T101 用氮气置换，置换时和火炬系统断开，含氧量小于 0.5%（体积分数）合格
2	打开苯干燥塔进料阀 LV10102 至 50%左右，苯加入到 T101 底部
3	当 T101 液位 LIC10102 接近 70%时，关闭 LV10102。【注】苯进料管道流通量很大，可以提前关小阀门，管道中的余液即可使干燥塔液位继续升至要求液位
4	打开再沸器 E101 蒸汽凝液管线开关阀 VD10104

续表

5	全开再沸器 E101 蒸汽凝液管线手操阀 VA10105，排气，确保无惰性气体存在
6	打开再沸器 E101 低压蒸汽进料阀门 VD10103
7	逐渐打开再沸器 E101 低压蒸汽调节阀 FV10103。【注】苯干燥塔中的苯因经过预热器加热后已经具有一定温度，且此时苯进料阀门关闭，无新鲜苯进料，若加热量过大会使干燥塔内苯升温过快，苯被大量蒸发
8	打开苯干燥塔冷凝器 E102 冷却水阀门 VA10103 至 50%左右
9	调节再沸器 E101 低压蒸汽调节阀 FV10103，将 T101 塔釜温度 TI10104 升至 84℃
10	调节再沸器 E101 低压蒸汽调节阀 FV10103，将苯水分离器 D101 温度 TI10103 升至 65℃
11	控制苯干燥塔 T101 的液位 LIC10102 为 50%
12	将 T101 塔釜温度 TI10104 控制稳定后，投用 TSL01003 联锁至自动状态
13	苯水分离器 D101 有液位后，打开 D101 液位调节阀 LIC10101
14	控制苯水分离器 D101 的液位 LIC10101 为 50%

六 加氢反应和产物处理

1	在苯开始供料前，要确保加氢后反应器 R102 的温度 TI10303 不低于 150℃
2	打开 E103 冷凝液输液器前截止阀 VD10101
3	打开 E103 冷凝液输液器后截止阀 VD10102，确保冷凝液输液器正常工作
4	打开 E105 冷凝液输液器前截止阀 VD10301
5	打开 E105 冷凝液输液器后截止阀 VD10302，确保冷凝液输液器正常工作
6	打开苯出料流量调节阀 FV10102 的前截止阀 VD10109
7	打开苯出料流量调节阀 FV10102 的后截止阀 VD10110
8	打开高压苯泵 P101A 入口开关阀 VD10105
9	按高压苯泵 P101A 电源开关
10	打开高压苯泵 P101A 出口开关阀 VD10106

11	缓慢打开苯出料流量调节阀 FV10102。【注】加氢反应是放热反应，若短时间投入苯的量过大，会导致反应器温度的剧烈波动，影响产品质量，在实际生产中可能还会导致事故的发生。因此，要"缓慢"提升苯的投料量
12	打开苯干燥塔进料阀 LV10102，控制 T101 液位稳定在 50%左右
13	氢气在加氢反应中消耗，从而导致系统压力下降；通过调节 PV10202，将系统压力 PIC10202 控制在 3.1MPa
14	由于反应热，进废热锅炉 E107 热油的温度升高，从而使高温锅炉给水蒸发导致 E107 的压力 PI10204 升高，关闭加热用中压蒸汽阀 VA10226。【注】此时，反应器的温度应高于锅炉水的温度，锅炉的作用是为热油降温，因此，不需要再给锅炉通入加热蒸汽，逐渐关闭蒸汽
15	关闭 TV10205 蒸汽放空阀 VA10229
16	全开蒸汽进入低压蒸汽管网阀门 VA10228。【注】此时，废热锅炉产出具有一定压力和温度的蒸汽，送往蒸汽管网
17	打开深冷器 E108 冷却剂液氨进料切断阀 XV10302
18	打开深冷器 E108 冷却剂液氨进料调节阀 TV10308 前截止阀 VD10309
19	打开深冷器 E108 冷却剂液氨进料调节阀 TV10308 后截止阀 VD10310
20	打开深冷器 E108 冷却剂液氨进料调节阀 TV10308 至 50%左右
21	打开深冷器 E108 出口氨气调节阀 PV10303 前截止阀 VD10311
22	打开深冷器 E108 出口氨气调节阀 PV10303 后截止阀 VD10312
23	打开深冷器 E108 出口氨气调节阀 PV10303 至 50%左右
24	手动调节 PIC10303 和 TIC10308，使 TIC10308 温度维持在 10℃左右。【注】若温度偏高，可开大压力调节阀泄压，开大温度调节阀降温
25	冷凝的环己烷将在分离罐 D103 有液位后，打开 D103 底部环己烷排放开关阀 VD10316
26	逐步打开 D103 液位调节阀 LV10303，环己烷排入环己烷缓冲罐 V102
27	当环己烷分离罐 D102 液位达到 20%后，打开 XV10301

28	打开环己烷分离罐 D102 液位调节阀 LV10301 前截止阀 VD10303
29	打开环己烷分离罐 D102 液位调节阀 LV10301 后截止阀 VD10304
30	逐步打开 D102 液位调节阀 LV10301
31	控制环己烷分离罐 D102 液位 LIC10301 为 50%
32	打开环己烷缓冲罐 V102 液位调节阀 LV10304 前截止阀 VD10313
33	打开环己烷缓冲罐 V102 液位调节阀 LV10304 后截止阀 VD10314
34	打开环己烷缓冲罐 V102 液位调节阀 LV10304 至 50%左右
35	控制环己烷缓冲罐 V102 液位 LIC10304 为 50%
36	打开环己烷缓冲罐 V102 液相出口管线阀门 VA10308
37	打开环己烷缓冲罐 V102 液相出口管线旁路阀门 VA10402
38	打开庚烷塔回流罐 V103 液位调节阀 LV10402 至 50%左右
39	全开环己烷出料的阀门 VA10405
40	当环己烷缓冲罐 V102 的液位达到 20%后,打开环己烷出料泵 P103A 入口阀 VD10305,将环己烷向烷罐出料
41	按环己烷出料泵 P103A 电源开关
42	打开环己烷出料泵 P103A 出口阀门 VD10306
43	控制加氢主反应器 R101 床层上部温度 TI10203 在 380℃
44	控制加氢主反应器 R101 出口环己烷产品温度 TI10206 在 225℃
45	注意加氢后反应器 R102 的催化剂床层温差 TDI10307 小于 10℃,全开阀门 VA10404,将环己烷出料切换至环己烷贮罐
46	关闭环己烷出料的阀门 VA10405
47	防止循环氢压缩机 C101 出口温度 TI10304 高于 60℃

七 庚烷塔 T102 开车

1	关闭环己烷缓冲罐 V102 液相出口管线阀门 VA10308
2	V102 中环己烷含重组分较高时,全开 P103 进庚烷塔手动阀 VA10401
3	关闭环己烷缓冲罐 V102 液相出口管线旁路阀门 VA10402
4	打开冷凝器 E111 的冷却水阀门 VA10409 至 50%左右
5	打开再沸器 E110 凝液排放管线阀门 VD10410
6	打开再沸器 E110 凝液排放管线阀门 VD10411
7	打开再沸器 E110 中压蒸汽管线阀门 VD10409

续表

8	当 T102 的液位 LI10401 有液位时，缓慢打开 FV10401 向再沸器 E110 通蒸汽。【注】"缓慢"通入加热蒸汽，以免将庚烷塔中的液体蒸干
9	控制庚烷塔 T102 的压力 PIC10404 为 0.16MPa
10	控制回流罐 V103 的液位 LIC10402 在 50%
11	回流罐 V103 的液位 LIC10402 达到 20%后，打开庚烷塔回流泵 P105A 入口阀 VD10405
12	启动庚烷塔回流泵 P105A
13	打开庚烷塔回流泵 P105A 出口阀 VD10406
14	逐步打开 T102 塔顶回流量调节阀 FV10403。【注】增加回流量，加大再沸器加热蒸汽量提高庚烷塔温度，提高庚烷塔与回流罐的液位，这三者应协调同步进行
15	当 T102 塔顶回流量 FIC10403 达到 24.899t/h，将流量调节阀 FIC10403 投为自动
16	将流量调节阀 FIC10403 设定为 24.899t/h
17	控制 T102 塔顶回流量 FIC10403 为 24.899t/h
18	调节再沸器 E110 中压蒸汽调节阀 FV10401，将 T102 塔釜温度 TI10401 升至 122℃
19	调节再沸器 E110 中压蒸汽调节阀 FV10401，将 T102 塔顶温度 TI10402 升至 99℃
20	环己烷分析合格后，全开阀门 VA10403，将出料切换至烷罐
21	全开 T102 重组分排出管线阀门 VA10408
22	打开泵 P104A 入口阀 VD10401
23	启动泵 P104A
24	打开泵 P104A 出口阀 VD10402
25	打开 T102 出口重组分流量调节阀 FV10402，注意排出量保持塔液位

附录3
苯加氢工段正常停车步骤

	一　降负荷	
1	解除 FPV10102 的联锁	
2	手动逐步关小苯干燥塔 T101 苯进料调节阀 LV10102，使进料量低于正常进料量	
3	逐步关小苯干燥塔 T101 塔釜出料流量调节阀 FV10102，降低系统负荷	
4	调节 LV10102，使苯干燥塔 T101 液位 LIC10102 降至 20%以下 【注】注意，不要使干燥塔液位为零	
5	调节 LV10301，使环己烷分离罐 D102 液位 LIC10301 降至 20%以下	
6	调节 LV10304，使环己烷缓冲罐 V102 液位 LIC10304 降至 20%以下	
7	缓慢关闭庚烷塔回流流量调节阀 FV10403	
8	调节再沸器 E110 加热蒸汽流量 FIC10401，使 T102 液位 LI10401 降至 20%	
9	调节 LV10402，使 V103 液位 LIC10402 降至 20%以下	
10	降负荷过程中，调节 PV10202，降低氢气进料，并控制系统压力 PIC10202 在 3.1MPa 左右	
11	降负荷过程中，调节 PV10404B，并控制系统压力 PIC10404 在 0.16MPa 左右	
12	降负荷过程中，调节锅炉水流量阀门 LV10203，控制废热锅炉 E107 液位 LIC10203 在 50%左右	
	二　停进料、停加热蒸汽	
1	关闭苯干燥塔 T101 苯进料调节阀 LV10102，停止向 T101 加料	
2	苯干燥塔液位 LIC10102 低于 5%后，关闭苯进料流量调节阀门 FV10102，停止向反应器 R101 进料	

3	关闭 FV10102 前阀 VD10109
4	关闭 FV10102 后阀 VD10110
5	关闭高压苯进料泵 P101A 出口阀门 VD10106
6	关闭高压苯进料泵 P101A 电源开关
7	关闭高压苯进料泵 P101A 入口阀门 VD10105
8	关闭再沸器 E101 低压蒸汽调节阀 FV10103，停加热蒸汽
9	关闭再沸器 E101 低压蒸汽进料阀门 VD10103
10	关闭再沸器 E101 蒸气凝液管线开关阀 VD10104
11	关闭再沸器 E101 蒸气凝液管线手操阀 VA10105
12	关闭苯蒸发器 E104 压力调节阀 PV10202，停止向 E104 加料
13	关闭 PV10202 前阀 VD10202
14	关闭 PV10202 后阀 VD10203
15	关闭 XV10201
16	关闭供氢气管线手动阀门 VA10201
17	关闭 XV10202
18	打开 XV10203，脱氢氢气直接排空
19	关闭压缩机 C101 电源
20	关闭压缩机 C101 进口阀 VA10305
21	关闭压缩机 C101 出口阀 VA10306
22	关闭压缩机 VA10202
23	关闭压缩机 VD10201
24	关闭再沸器 E110 中压蒸汽调节阀 FV10401，停加热蒸汽
25	关闭再沸器 E110 中压蒸汽切断阀 VD10409
26	关闭再沸器 E110 VD10410
27	关闭再沸器 E110 VD10411
三 停热油循环、降温、降压	
1	开大热油温度调节阀 TV10205，为热油系统降温
2	降温过程中，调节锅炉水流量阀门 LV10203，控制废热锅炉 E107 液位 LIC10203 在 50%左右
3	热油温度降至常温（低于 40℃）后，停热油循环，关闭热油泵 P102A 出口阀门 VA10205
4	关闭热油泵 P102A 电源

5	关闭热油泵 P102A 进口阀门 VD10206
6	关闭热油回流阀门 VA10220
7	关闭热油系统充油阀门 VA10216
8	关闭热油系统充油阀门 VA10217
9	关闭热油系统充油阀门 VA10218
10	关闭热油系统充油阀门 VA10219
11	关闭热油系统高点排气阀 VA10212
12	关闭热油系统高点排气阀 VA10213
13	关闭热油系统高点排气阀 VA10214
14	关闭热油系统高点排气阀 VA10215
15	关闭热油循环系统三通阀 VA10210
16	确认关闭 E107 加热用蒸汽阀，开 TV10205 后蒸汽直接排空阀 VA10229
17	关闭 E107 VA10228
18	逐步开大 TV10205，将 E107 压力 PI10204 慢慢卸至常压
19	E107 压力 PI10204 卸至常压后，关闭 TV10205
20	E107 压力 PI10204 卸至常压后，关闭 E107 放空阀 VA10229
21	逐步开大 AV10301，将系统压力 PIC10202 卸至常压，泄压速度不大于 0.05MPa/min
22	系统压力 PIC10202 卸至常压后，关闭 AV10301
23	系统压力 PIC10202 卸至常压后，关闭 D103 放空阀 VD10315
24	逐步开大 PV10404B，将庚烷塔压力 PIC10404 卸至常压，泄压速度不大于 0.05MPa/min
25	庚烷塔压力 PIC10404 卸至常压后，关闭 PV10404B
26	关闭 D103 去火炬阀门 VA10310
四 停冷却器	
1	关闭 E102 循环水阀 VA10103
2	关闭 E109 循环水阀 VA10230
3	关闭 E111 循环水阀 VA10409
4	确认关闭 E107 锅炉水进水液位调节阀 LV10203，停锅炉水
5	关闭 LV10203 前阀 VD10208
6	关闭 LV10203 后阀 VD10209

7	关闭深冷器 E108 液氨进料温度调节阀门 TV10308
8	关闭 TV10308 前阀 VD10309
9	关闭 TV10308 后阀 VD10310
10	关闭 XV10302
五　排液	
1	苯水分离器 D101 液位 LIC10101 低于 5%后,关闭其液位调节阀 LV10101
2	废热锅炉 E107 液位 LIC10203 低于 5%后,关闭其排污阀门 VA10227
3	关闭阀门 VD10211
4	关闭脱硫反应器 R103 进料阀门 VA10301
5	关闭加氢后反应器 R102 进料阀门 VA10302
6	关闭 E103 冷凝液输液器前截止阀 VD10101
7	关闭 E103 冷凝液输液器后截止阀 VD10102
8	关闭 E105 冷凝液输液器前截止阀 VD10301
9	关闭 E105 冷凝液输液器后截止阀 VD10302
10	环己烷分离罐 D102 液位 LIC10301 低于 5%后，关闭其液位调节阀门 LV10301
11	关闭 LV10301 前阀 VD10303
12	关闭 LV10301 后阀 VD10304
13	关闭 XV10301
14	D103 液位 LIC10303 低于 5%后，关闭其液位调节阀 LV10303
15	关闭 VD10316
16	环己烷缓冲罐 V102 液位 LIC10304 低于 5%后，关闭其液位调节阀 LV10304
17	关闭 LV10304 前阀 VD10313
18	关闭 LV10304 后阀 VD10314
19	关闭 P103A 去 T102 阀门 VA10401
20	关闭环己烷出料泵 P103A 出口阀门 VD10306
21	关闭环己烷出料泵 P103A 电源开关
22	关闭环己烷出料泵 P103A 入口阀门 VD10305
23	V103 液位 LIC10402 低于 5%后，关闭其液位调节阀 LV10402
24	关闭环己烷去罐区阀门 VA10404
25	关闭 VA10403

续表

26	关闭庚烷塔回流泵 P105A 出口阀门 VD10406
27	关闭庚烷塔回流泵 P105A 电源开关
28	关闭庚烷塔回流泵 P105A 入口阀门 VD10405
29	庚烷塔液位 LI10401 低于 5%后，关闭其塔釜出口流量调节阀 FV10402
30	关闭塔釜液去锅炉房阀门 VA10408
31	关闭庚烷塔残液泵 P104A 出口阀门 VD10402
32	关闭庚烷塔残液泵 P104A 电源开关
33	关闭庚烷塔残液泵 P104A 入口阀门 VD10401

附录 4

环己烷氧化工段冷态开车步骤

一 开车准备

氮气置换，充压

1	打开 T202 塔底氮气进口阀 VD20127
2	打开 PI20101 控制阀 VA20107 至 50%，进行氮气置换
3	5s 后关闭 VA20107，进行充压
4	当 PI20101 接近 1080kPa 时，调节 VA20107，使压力控制在 1080kPa
5	关闭 T202 塔底氮气进口阀 VD20127。【注】压力接近 1080kPa 时可提前关闭阀门，若压力超过 1080kPa，则调节 VA20107 进行控制
6	打开 R201 氮气置换入口阀 VD20232
7	打开空气流量控制阀前阀 VD20201
8	打开空气流量控制阀后阀 VD20202
9	打开空气流量控制阀 FV20201 至 100%
10	打开 R201 液位控制阀前阀 VD20205
11	打开 R201 液位控制阀后阀 VD20206
12	打开 R201 液位控制阀 LV20201 至 100%
13	打开 S202 进料阀门 VA20209 至 100%
14	打开 S202 界面控制阀前阀 VD20215
15	打开 S202 界面控制阀后阀 VD20216
16	打开 S202 界面控制阀 LV20203 至 100%
17	当 AIA20201 小于 2% 后，关闭 S202 界面控制阀 LV20203
18	当 AIA20201 小于 2% 后，关闭空气流量控制阀 FV20201
19	当 AIA20201 小于 2% 后，关闭 R201 液位控制阀 LV20201
20	当 AIA20201 小于 2% 后，关闭 S202 进料阀门 VA20209

21	当 AIA20201 小于 2% 后，关闭氮气置换入口阀 VD20232
22	打开 T203 塔底氮气入口阀 VD20334
23	打开 T204 塔底氮气入口阀 VD20335
24	打开 T205 塔底氮气入口阀 VD20336
25	30s 后关闭 T205 氮气入口阀 VD20336
26	当 PIC20302 达到 500kPa 时，关闭 T203 塔底氮气入口阀 VD20334
27	当 PIC20303 达到 206kPa 时，关闭 T204 塔底氮气入口阀 VD20335
28	打开 R201 氮气置换入口阀 VD20232，对 R201 进行氮气充压
29	打开空气流量控制阀 FV20201 至 100%
30	当 R201 压力达到 1100kPa 时，关闭氮气置换入口阀 VD20232。【注】压力接近 1100kPa 时，可提前关闭阀门
31	关闭空气流量控制阀 FV20201
32	打开 R202 压力控制阀前阀 VD20211
33	打开 R202 压力控制阀后阀 VD20212
34	打开 R202 压力控制阀 PV20202B 至 55%，进行 R202 氮气充压。【注】充压较慢时，可全开阀门进行充压，待接近 700kPa 时再调整至 55%
35	打开 R202 压力控制阀前阀 VD20209
36	打开 R202 压力控制阀后阀 VD20210
37	待 PIC20202 接近 700kPa 时，投自动，设定值为 700kPa
分离罐加工艺水	
38	打开 S201 工艺水进口阀 VD20126 加工艺水
39	当 LICA20103 达到 50% 时，关闭 VD20126
40	打开 S202 工艺水进口阀 VD20226 加工艺水
41	当 LICA20203 达到 50% 时，关闭 VD20226
调配催化剂	
42	打开 VD20223，向 V201 中加醋酸钴
43	关闭 VD20223
44	打开 VD20224
45	V201 液位达 90% 时，关闭 VD20224
46	启动搅拌，搅拌 5s（FIELD 图操作）
47	关闭搅拌

续表

开冷却器	
48	打开 E201 上水阀门 VD20113
49	打开 E201 出水阀门 VD20114
50	打开 E204 上水阀门 VD20219
51	打开 E204 出水阀门 VD20220
52	打开 E209 上水阀门 VD20338
53	打开 E209 出水阀门 VD20339

二　精馏工段进料

V203 充料	
1	打开 V203 液位控制阀前阀 VD20327
2	打开 V203 液位控制阀后阀 VD20328
3	打开 V203 液位控制阀 LV20307 至 50%，向 V203 进料

V202 充料	
4	当 V203 的液位接近 50%时，打开 VA20317 至 50%。【注】需要不断调节 LV20307 保持 V203 液位在 50%

V202、V203 液位控制	
5	为调整 V202 的液位，打开液位控制阀前阀 VD20329
6	打开液位控制阀后阀 VD20330
7	打开液位控制阀 LV20305，向 V203 回料，随时调整保证液位

T203 开车	
8	打开回流量控制阀前阀 VD20307
9	打开回流量控制阀后阀 VD20308
10	当 V202 的液位达到 50%时，打开泵的进口阀 VD20346
11	启动泵 P206
12	打开泵出口阀 VD20347
13	打开回流量控制阀 FV20302 至 80%，向 T203 中灌冷烷。【注】液位建立较慢可加快软件速度
14	打开疏水阀 VD20340
15	打开蒸汽流量控制阀前阀 VD20303
16	打开蒸汽流量控制阀后阀 VD20304
17	当 T203 的液位达到 20%~30%时，打开蒸汽流量控制阀 FV20301 至 10%左右。【注】根据 T203 液位进行调整，保证 T203 液位在 30%~50%

18	打开压力控制阀前阀 VD20311
19	打开压力控制阀后阀 VD20312
20	打开压力控制阀 PV20302 至 5%，控制 T203 的塔顶压力，使压力控制在 500kPa 左右
T204 开车	
21	当 T203 塔顶温度达到 100℃，打开回流量控制阀前阀 VD20313
22	打开回流量控制阀后阀 VD20314
23	打开回流量控制阀 FV20303 至 60%，向 T204 中灌冷烷
24	打开进料控制阀前阀 VD20309
25	打开进料控制阀后阀 VD20310
26	打开进料控制阀 LV20302 至 5%，向 T204 进料。【注】需注意 T203 的液位变化进行调整
27	打开压力控制阀前阀 VD20321
28	打开压力控制阀后阀 VD20322
29	打开压力控制阀 PV20303 至 5%，控制 T204 的塔顶压力，使压力控制在 206kPa 左右
30	打开液位控制阀前阀 VD20315
31	打开液位控制阀后阀 VD20316
32	当换热器 E206 的液位达到 50%时，打开液位控制阀 LV20303 至 50%
T205 开车	
33	当 T204 塔顶的温度达到 80℃，打开回流量控制阀前阀 VD20323
34	打开回流量控制阀后阀 VD20324
35	打开泵入口阀 VD20350
36	启动泵 P208
37	打开泵 P208 出口阀 VD20351
38	打开回流量控制阀 FV20305 至 40%，向精馏塔 T205 灌冷烷
39	打开进料控制阀前阀 VD20317
40	打开进料控制阀后阀 VD20318
41	打开进料控制阀 LV20304 至 10%左右，向 T205 进料
42	打开疏水阀 VD20341
43	打开温度控制阀前阀 VD20331

续表

44	打开温度控制阀后阀 VD20332
45	T205 小塔釜的液位达到 20%～30% 时，打开温度控制阀 TV20303 至 15%。【注】由于是小釜液位，液位的变化值较慢
46	当 T205 小釜液位接近 50% 时，打开泵入口阀 VD20348。【注】根据 T205 的液位变化随时调整，保证 T205 液位在 50% 附近
47	启动泵 P207
48	打开泵出口阀 VD20349
49	打开流量控制阀前阀 VD20325
50	打开流量控制阀后阀 VD20326
51	打开流量控制阀 LV20306 至 30%

D201 充压

52	E205 和 E208 的加热蒸汽维持一段时间，打开闪蒸罐 D201 的氮气入口阀 VD20333
53	当压力达到 700kPa 时，关闭 D201 的氮气入口阀 VD20333

三　吸收工段进料

T201 开车

1	打开泵 P209 的入口阀 VD20352。【注】在 V203 液位持续升高时即可对 T201 进料
2	启动泵 P209
3	打开泵 P209 出口阀 VD20353
4	打开 T201 塔顶流量控制阀前阀 VD20101
5	打开 T201 塔顶流量控制阀后阀 VD20102
6	打开 T201 塔顶流量控制阀 FV20101 至 35%
7	打开 T201 塔顶温度控制阀前阀 VD20103
8	打开 T201 塔顶温度控制阀后阀 VD20104
9	打开 T201 塔顶温度控制阀 TV20101 至 35%

S201 进料

10	当 T201 的液位接近 50% 时，打开 T201 塔底液位控制阀前阀 VD20105
11	打开 T201 塔底液位控制阀后阀 VD20106
12	打开 S201 相界面控制阀前阀 VD20109
13	打开 S201 相界面控制阀后阀 VD20110
14	打开泵 P201A 入口阀 VD20116

续表

15	启动泵 P201A
16	打开泵 P201A 出口阀 VD20117
17	打开 T201 塔底液位控制阀 LV20101，调整 LV20101 的开度，维持 T201 塔釜液位 50%
18	打开 S201 相界面控制阀 LV20103，调整 LV20103 的开度，维持相界面 50%
T202 进料	
19	打开泵 P205 出口流量控制阀前阀 VD20319
20	打开泵 P205 出口流量控制阀后阀 VD20320
21	打开泵 P205A 进口阀 VD20342
22	启动泵 P205A
23	打开泵 P205A 出口阀 VD20343
24	打开泵出口流量控制阀 FV20304 至 20%
25	打开 P205 至 T202 管线阀门 VD20124
26	当 T202 的液位上升至 50%时，打开 T202 塔底液位控制阀前阀 VD20107。【注】注意去 R201 的管线上阀门 VD20218 也需要开启
27	打开 T202 塔底液位控制阀后阀 VD20108
28	打开 T202 塔底液位控制阀 LV20102 至 10%
29	打开泵 P202A 入口阀 VD20120
30	启动泵 P202A
31	打开泵 P202A 出口阀 VD20121
氧化反应器 R201 温度调节	
32	打开疏水阀 VD20115
33	打开 R201 进料温度控制阀前阀 VD20111
34	打开 R201 进料温度控制阀后阀 VD20112
35	打开 R201 进料温度控制阀 TV20102 至 50%，向加热器 E202 供中压蒸汽升温

四　氧化工段进料

R201、R202 充料	
1	打开 VD20218 向 R201 充料
2	R201 的液位控制在 60%

续表

3	打开氧化反应器 R201 液位控制阀 LV20201 至 50%，氧化液经 E203、E204 至分解反应器 R202

S202 充料

4	R202 至正常液位，打开 VA20209 至 30%，向 S202 进料。【注】R202 液位波动较大时需要时刻调节 VA20209 控制进入分离罐的物料量

D201 进料

当 S202 充满环己烷，启动泵 P204

5	打开增压泵 P204 进口阀 VD20229
6	启动泵 P204 开关
7	打开增压泵 P204 出口阀 VD20230
8	打开流量控制阀前阀 VD20207
9	打开流量控制阀后阀 VD20208
10	打开流量阀控制 LV20202 至 40%，向闪蒸罐 D201 进料
11	打开压力控制阀前阀 VD20301
12	打开压力控制阀后阀 VD20302
13	调节压力控制阀 PV20301，使 D201 的压力稳定在 700kPa 左右
14	当 D201 有蒸汽进入 T205 时，打开 T205 的进料阀 VD20337
15	当 D201 的液位接近 50%时，打开液位控制阀前阀 VD20305
16	打开液位控制阀后阀 VD20306
17	打开液位控制阀 LV20301 至 50%，向 T203 进料
18	当 T203 塔釜的液位达到 50%,逐渐开大蒸汽流量控制阀 FV20301 至 25%

R202 加工艺水、新鲜碱

19	打开 VD20227 向分解反应器供工艺水
20	打开 VD20228 向分解反应器供新鲜碱
21	启动 R202 搅拌器（现场开关 M202）

五　氧化通气

启动氧化反应器 R201

1	启动 R201 搅拌(现场开关 M201)
2	打开 K201 开关(FIELD 图操作)

3	打开流量控制阀 FV20201 至 20%，向 R201 通空气，并缓慢开大至 50%。【注】根据 AI20201 的变化逐步打开阀门；瞬间通氧会导致 AI20201 激升，随着反应的进行会逐渐趋于平缓
4	空气压力控制在 1250kPa
5	打开 R201 顶部阀 VD20217，氧化反应器排尾气
6	打开 R201 至 T202 管线阀门 VD20125
7	LICA20201 投自动，液位设定值为 60%
温度控制	
8	当 R201 进料温度 TICA20102 达到 159℃，将 TICA20102 投自动
9	TICA20102 设定值为 159℃
10	控制 TICA20102 的温度在 159℃
11	控制 TI20201 的温度在 165℃
12	控制 R201 的压力在 1100kPa
通催化剂	
13	设定催化剂流量为 104.4kg/h(DCS 操作)
14	打开催化剂泵 P203 进口阀 VD20221
15	打开催化剂泵 P203 出口阀 VD20222
16	启动泵 P203 开关。【注】计量泵在管路通畅的情况下可直接开泵，不需憋压
通碱液	
17	打开 VD20225
18	打开循环碱液流量控制阀前阀 VD20213
19	打开循环碱液流量控制阀后阀 VD20214
20	打开循环碱液流量控制阀 FV20202 至 52%，向分解反应器 R202 通入循环碱液
分解反应器 R202 温度调节	
21	打开温度控制阀前阀 VD20203
22	打开温度控制阀后阀 VD20204
23	打开温度控制阀 TV20202 至 50%，调节 E203 至 R202 的旁路流量

六 系统联调

氧化系统联调

1	氧化釜操作基本稳定，将 FIC20201 投自动，设定值为 11.4t/h

2	控制空气流量在 11.4t/h
3	TIC20202 投自动，设定值为 96℃
4	控制氧化液温度在 96℃
5	FIC20202 投自动，设定值为 32.5t/h
6	控制循环碱液流量在 32.5t/h
7	LICA20202 投自动，调节向 D201 的进料量，设定值为 50%
8	控制 R202 液位在 50%
9	S202 界面控制阀 LICA20203 投自动，设定值为 50%
10	控制 S202 界面液位在 50%
精馏系统联调	
11	精馏塔 T203 稳定操作，将 FIC20302 投自动，设定值为 21.2t/h
12	精馏塔 T204 稳定操作，将 FIC20303 投自动，设定值为 25.2t/h
13	精馏塔 T205 稳定操作，将 FIC20305 投自动，设定值为 22.6t/h
14	当 D201 顶部压力接近 700kPa 时，将 PICA20301 投自动，设定值为 700kPa
15	控制 D201 顶部压力在 700kPa
16	当 D201 液位稳定在 50%时，将 LICA20301 投自动，设定值为 50%
17	加热蒸汽流量接近 11t/h 时，将流量控制阀 FIC20301 投自动，设定值为 11t/h，注意调整塔顶压力 500kPa 左右
18	控制加热蒸汽流量在 11t/h
19	精馏塔 T203 再沸器上升蒸汽温度为 145.5℃时，将 TIC20301 投自动，设定值为 145.5℃
20	控制 T203 再沸器上升蒸汽温度在 145.5℃
21	将 FIC20301 设为串级【注】投串级后，FIC20301 的 OP 值受 TIC20301 控制
22	当 T203 塔顶压力稳定在 500kPa 时，将 PIC20302 投自动，设定值为 500kPa
23	控制 T203 塔顶压力在 500kPa
24	当 T203 塔釜液位稳定在 50%时，将 LIC20302 投自动，设定值为 50%
25	当 T204 塔釜液位稳定在 50%时，将 LIC20304 投自动，设定值为 50%

续表

26	当 T204 塔顶压力稳定在 206kPa 时，将 PIC20303 投自动，设定值为 206kPa
27	当 E206 液位稳定在 50%时，将 LIC20303 投自动，设定值为 50%
28	当 T204 塔釜温度稳定在 125℃时，将 TIC20302 投自动，设定值为 125℃
29	将 LIC20303 设为串级
30	P205 出口流量接近 58.1t/h 时，将流量控制阀 FIC20304 投自动，设定值为 58.1t/h
31	控制泵 P205 的出口流量为 58.1t/h
32	控制 V202 液位在 50%
33	当 T205 小塔釜液位稳定在 50%时，将 LIC20306 投自动，设定值为 50%
34	当 T205 塔釜的液位达到 50%，逐渐开大蒸汽流量控制阀 TV20303，蒸汽量达到正常值 2.45t/h
35	当 T205 再沸器上升温度为 143℃时，将 TICA20303 投自动，设定值为 143℃
36	当 V203 液位稳定在 50%时，将 LICA20307 投自动，设定值为 50%
37	控制 V203 液位在 50%
吸收系统联调	
38	FIC20101 流量显示接近 100.5t/h 时，将 FIC20101 投自动，设定值为 100.5t/h
39	控制 T201 塔顶流量为 100.5t/h
40	TIC20101 温度显示接近 45℃时，将 TIC20101 投自动，设定值为 45℃
41	控制 T201 进料温度在 45℃
42	T201 塔釜液位接近 50%时，LICA20101 投自动，设定值为 50%
43	S201 相界面高度接近 50%时，将 LICA20103 投自动，设定值为 50%
44	T202 塔釜液位接近 50%时，LICA20102 投自动，设定值为 50%
45	T202 塔釜液位控制在 50%

环己烷氧化工段停车步骤

一 直接热交换塔 T202 停车

V202 液位控制

1	打开 V202 液位控制阀前阀 VD20329。【注】由于 T202、T203、T204 停车后，V202 的液位会上升，因此需要对其液位进行控制
2	打开 V202 液位控制阀后阀 VD20330

停 E202 蒸汽

3	逐步关小控制阀 TV20102 至关闭
4	关闭 R201 进料温度控制阀前阀 VD20111
5	关闭 R201 进料温度控制阀后阀 VD20112

T202 停止进料

6	关闭 P205 至 T202 管线阀门 VD20124
7	关闭控制阀 FV20304
8	关闭控制阀 FV326 的前阀 VD20319
9	关闭控制阀 FV326 的后阀 VD20320
10	关闭 P205A 的出口阀 VD20343
11	停泵 P205A(FIELD 图操作)
12	关闭 VD20342

V203 卸液

13	打开 V202 液位控制阀 LV20305 至 15% 左右给 V203 卸液
14	关闭 V203 的冷烷控制阀 LV20307
15	关闭控制阀 LV354 的前阀 VD20327
16	关闭控制阀 LV354 的后阀 VD20328
17	打开 V203 卸液阀 VD20354 卸液

T202 停止出料	
18	关闭 T202 塔底液位控制阀 LV20102
19	关闭 T202 塔底液位控制阀前阀 VD20107
20	关闭 T202 塔底液位控制阀后阀 VD20108
21	关闭泵 P202A 出口阀 VD20121
22	停泵 P202A(FIELD 图操作)
23	关闭泵 P202A 入口阀 VD20120
24	打开泄液阀 VD20129，排液至停车物料收集系统

二　冷却洗涤塔 T201 停车

T201 停止进料	
1	关闭 T201 塔顶流量控制阀 FV20101
2	关闭 T201 塔顶流量控制阀前阀 VD20101
3	关闭 T201 塔顶流量控制阀后阀 VD20102
4	关闭 T201 塔顶温度控制阀 TV20101。【注】TIC20101 温度会急剧升高，原因是停止了冷料进料后，从 R202 排气过来的高温尾气通过 T201 导致
5	关闭 T201 塔顶温度控制阀前阀 VD20103
6	关闭 T201 塔顶温度控制阀后阀 VD20104
7	关闭 P209 的出口阀 VD20353
8	停泵 P209(FIELD 图操作)
9	关闭 VD20352
T201 停止出料	
10	关闭 T201 塔底液位控制阀 LV20101
11	关闭 T201 塔底液位控制阀前阀 VD20105
12	关闭 T201 塔底液位控制阀后阀 VD20106
13	关闭泵 P201A 出口阀 VD20117
14	停泵 P201A(FIELD 图操作)
15	关闭泵 P201A 入口阀 VD20116
16	打开泄液阀 VD20128，排液至停车物料收集系统
S201 停止出料	
17	关闭 S201 相界面控制阀 LV20103
18	关闭 S201 相界面控制阀前阀 VD20109

续表

19	关闭 S201 相界面控制阀后阀 VD20110
20	打开泄液阀 VD20130，排液至停车物料收集系统

T201 压力控制

21	手动开大压力控制阀 VA20107 至 T201 塔降至常压
22	当压力达到常压后，关闭塔顶压力控制阀 VA20107。【注】R202 反应釜泄压也通过此阀门，需要同时考察 R202 的压力是否达到常压

三 氧化反应釜 R201 停车

R201 停进料

1	关闭空气流量控制阀 FV20201
2	关闭空气流量控制阀前阀 VD20201
3	关闭空气流量控制阀后阀 VD20202
4	停 K201，停供空气（FIELD 图操作）
5	关 VD20218，P202 停止供料
6	停止 R201 搅拌器（FIELD 图操作）

R201 停出料

7	关闭氧化反应器 R201 液位控制阀 LV20201
8	关闭氧化反应器 R201 液位控制阀前阀 VD20205
9	关闭氧化反应器 R201 液位控制阀后阀 VD20206
10	关闭温度控制阀 TV20202
11	关闭温度控制阀前阀 VD20203
12	关闭温度控制阀后阀 VD20204
13	当 R201 压力降至大气压左右时，关闭 VD20217，停止氧化尾气出料。【注】由于降压通过 T202、T201 进行，因此降压速度较慢
14	关闭 R201 至 T202 管线阀门 VD20125

R201 泄料

15	打开 VA20210，R201 物料至停车物料收集系统

四 分解反应器 R202 停车

停钴催化剂

1	关闭泵 P203 出口阀 VD20222
2	停 P203（FIELD 图操作）
3	关闭泵 P203 进口阀 VD20221

停碱进料	
4	停止 R202 搅拌器（FIELD 图操作）
5	关闭阀门 VD20228
6	关闭阀门 VD20225
7	关闭循环碱液流量控制阀 FV20202
8	关闭循环碱液流量控制阀前阀 VD20213
9	关闭循环碱液流量控制阀后阀 VD20214
停工艺水	
10	关闭 VD20227
停出料	
11	关闭 VA20209
12	开启 VA20211，R202 物料至停车物料收集系统
停有机相出料	
13	关闭液位控制阀 LV20202
14	关闭液位控制阀前阀 VD20207
15	关闭液位控制阀后阀 VD20208
16	关闭增压泵 P204 出口阀 VD20230
17	关闭泵 P204 开关(FIELD 图操作)
18	关闭增压泵 P204 进口阀 VD20229
停废碱分离器	
19	关闭废碱分离器 S202 界面控制阀 LV20203
20	关闭废碱分离器 S202 界面控制阀前阀 VD20215
21	关闭废碱分离器 S202 界面控制阀后阀 VD20216
关闭 R202 氮气系统	
22	打开压力控制阀 PV20202A
23	关闭压力控制阀前阀 VD20211
24	关闭压力控制阀后阀 VD20212
五　环己烷精制停车操作	
D201 停车	
1	当 D201 的液位降至 30% 时，关闭 T203 的进料阀 LV20301。【注】若发现 D201 的液位无法泄至 T203，需要检查 D201 和 T203 的压力值变化，可适当关闭 D201 的出口压力阀，开大 T203 的压力控制阀

2	关闭控制阀 LV20301 的前阀 VD20305
3	关闭控制阀 LV20301 的后阀 VD20306
4	手动开大 PV20301，D201 至常压
T203 停车	
5	关小 T203 再沸器的蒸汽控制阀 FV20301
6	关闭 T203 回流控制阀 FV20302
7	关闭控制阀 FV20302 的前阀 VD20307
8	关闭控制阀 FV20302 的后阀 VD20308
9	当 T203 塔釜液位降至 30% 以下时，关闭泄液阀 LV20302
10	关闭控制阀 LV20302 的前阀 VD20309
11	关闭控制阀 LV20302 的后阀 VD20310
12	关闭 T203 再沸器的蒸汽控制阀 FV20301。【注】停止热物流后，会导致部分未排净的气相物流冷凝，进而使 T203 的液位升高
13	关闭再沸器的蒸汽控制阀 FV20301 的前阀 VD20303
14	关闭再沸器的蒸汽控制阀 FV20301 的后阀 VD20304
15	当再沸器 E206 的液位 LIC20303 降至 10% 以下时，关闭泄液阀 LV20303。【注】阀门关闭后，会有少量气相物流冷凝，使 E206 的液位升高
16	关闭控制阀 LV20303 的前阀 VD20315
17	关闭控制阀 LV20303 的后阀 VD20316
18	手动开大 T203 的压力控制阀 PV20302，将 T203 的压力降为常压
19	当 T203 的压力降为常压时，关闭控制阀 PV20302
20	关闭控制阀 PV20302 的前阀 VD20311
21	关闭控制阀 PV20302 的后阀 VD20312
T204 停车	
22	关闭 T204 回流控制阀 FV20303
23	关闭控制阀 FV20303 的前阀 VD20313
24	关闭控制阀 FV20303 的后阀 VD20314
25	当 T204 塔釜液位降至 30% 以下时，关闭 LV20304
26	关闭控制阀 LV20304 的前阀 VD20317
27	关闭控制阀 LV20304 的后阀 VD20318
28	手动开大 T204 的压力控制阀 PV20303，将 T204 的压力降为常压

29	当 T204 的压力降为常压时，关闭控制阀 PV20303
30	关闭控制阀 PV20303 的前阀 VD20321
31	关闭控制阀 PV20303 的后阀 VD20322
V202 卸液	
32	待 V202 液位降至 30% 以下时，关闭泵 P206 的出口阀 VD20347
33	停泵 P206（FIELD 图操作）
34	关闭泵入口阀 VD20346
35	关闭阀门 LV20305
36	关闭 V202 液位控制阀前阀 VD20329
37	关闭 V202 液位控制阀后阀 VD20330
T205 停车	
38	逐渐关小 TV20303，直到关闭 TV20303
39	关闭控制阀 TV20303 的前阀 VD20331
40	关闭控制阀 TV20303 的后阀 VD20332
41	关闭阀门 VD20337
42	关闭回流控制阀 FV20305
43	关闭控制阀 FV20305 的前阀 VD20323
44	关闭控制阀 FV20305 的后阀 VD20324
45	关闭 T205 塔釜液位控制阀 LV20306
46	关闭液位控制阀 LV20306 的前阀 VD20325
47	关闭液位控制阀 LV20306 的后阀 VD20326
48	打开 VA20318，T205 小塔釜出料去 V203（DCS 操作）
49	关闭 P208 的出口阀 VD20351
50	停泵 P208（FIELD 图操作）
51	关闭泵入口阀 VD20350
52	当 T205 小塔釜液位低于 30% 时，关闭 T205 出料去 V203 管线阀门 VA20318（DCS 操作）
53	关闭泵 P207 的出口阀 VD20349
54	停泵 P207（FIELD 图操作）
55	关闭泵 P207 入口阀 VD20348

六 冷却器停车	
E201 停冷却水	
1	关闭上水阀门 VD20113
2	关闭出水阀门 VD20114
E204 停冷却水	
3	关闭上水阀门 VD20219
4	关闭出水阀门 VD20220
E209 冷却水停车	
5	关闭上水阀门 VD20338
6	关闭出水阀门 VD20339

附录6
美罗培南生产开车操作步骤

一	1,3-(*N*-吗啡啉)丙磺酸缓冲液配制
1	打开配料罐 R1001 的纯净水进料阀 VA001，大约 50%
2	点击"显示"，弹出配料罐显示面板，观察纯净水的进料量为 579.5kg 左右时关闭 VA001
3	点击"进料操作"设置丙磺酸进料量大约为 12kg，点击确认按钮
4	点击配料罐搅拌器，启动搅拌器
5	搅拌大约 30 s（仿真时间），停止搅拌器

二	氢化反应
1	启动氢化釜缓冲液进料泵 P1001
2	打开 P1001 后截止阀 VD001，给氢化釜进缓冲液大约 521.5kg
3	观察显示面板，进料量达到 521.5kg 左右，关闭截止阀 VD001
4	停止氢化釜缓冲液进料泵 P1001
5	启动氢化釜四氢呋喃进料泵 P1002
6	打开 P1002 后截止阀 VD002，给氢化釜进四氢呋喃大约 491.2kg
7	观察显示面板，进料量达到 491.2kg 左右，关闭截止阀 VD002
8	停止氢化釜四氢呋喃进料泵 P1002
9	启动氢化釜甲醇进料泵 P1003
10	打开 P1003 后截止阀 VD003，给氢化釜进甲醇大约 72.8kg
11	观察显示面板，进料量达到 72.8kg 左右，关闭截止阀 VD003
12	停止氢化釜甲醇进料泵 P1003
13	点击"进料操作"设置缩合物进料量大约为 92.2kg，点击确认按钮
14	点击"进料操作"设置钯碳进料量大约为 9.2kg，点击确认按钮
15	打开蒸汽控制阀 FV1002 的前切断阀

续表

16	打开蒸汽控制阀 FV1002 的后切断阀
17	打开控制阀 FV1002，控制氢化釜的温度为 28℃
18	打开冷凝液阀 VD010
19	打开 TV1002 的前切断阀
20	打开 TV1002 的后切断阀
21	如果温度高于 28℃时，打开 TV1002，保持氢化釜温度在 28℃
22	关闭蒸汽控制阀 FV1002
23	关闭蒸汽控制阀 FV1002 的前切断阀
24	关闭蒸汽控制阀 FV1002 的后切断阀
25	打开氢气控制阀前截止阀
26	打开氢气控制阀后截止阀
27	缓慢打开氢气控制阀维持氢化釜的压力为 0.6MPa
28	点击氢化釜搅拌器，启动搅拌，反应持续 6h 左右（仿真时间 5min 左右）
29	反应结束后，关闭氢气控制阀 PV1001
30	关闭氢气控制阀前截止阀
31	关闭氢气控制阀后截止阀
32	停止搅拌
33	关闭冷却水控制阀 TV1002
34	关闭冷却水控制阀 TV1002 的前切断阀
35	关闭冷却水控制阀 TV1002 的后切断阀
36	打开氮气阀，给氢化釜充压
37	打开氢化釜卸料阀 VD009 卸料
38	打开脱碳过滤器 S1001 出料阀 VD012，将滤液转移至中间罐 V1001
39	打开脱碳过滤器 S1001 溶剂回收阀 VD013，进行溶剂回收
40	启动氢化釜缓冲液进料泵 P1001
41	打开 P1001 后截止阀 VD004，给脱碳过滤器进缓冲液大约 58kg，洗涤滤渣
42	停止氢化釜缓冲液进料泵 P1001
43	观察显示面板，进料量达到 58kg 左右，关闭截止阀 VD004
44	启动中间罐 V1001 出料泵 P1004
45	打开 P1004 后截止阀 VD014，将滤液转移至浓缩釜 R1003

46	待中间罐 V1001 的液位降至 5%左右时，关闭截止阀 VD014
47	停止中间罐 V1001 出料泵 P1004

三　减压浓缩

1	启动氢化釜出料泵 P1004
2	打开 P1004 后阀 VD014，将滤液转移至减压浓缩釜
3	打开减压浓缩釜 R1003 抽真空阀 PV1003 前阀
4	打开减压浓缩釜 R1003 抽真空阀 PV1003 后阀
5	打开减压浓缩釜 R1003 蒸汽阀 FV1003 前阀
6	打开减压浓缩釜 R1003 蒸汽阀 FV1003 后阀
7	打开减压浓缩釜 R1003 冷却水阀 TV1003 前阀
8	打开减压浓缩釜 R1003 冷却水阀 TV1003 后阀
9	打开冷凝器 E1001 的冷却水阀 VD022，使蒸出的溶剂全凝后通过重力自流入接收罐 V1002
10	关闭 P1004 后阀 VD014
11	待滤液全部转移至减压浓缩釜后，停氢化釜出料泵 P1004
12	打开减压浓缩釜 R1003 抽真空阀，将釜压降至负压
13	打开减压浓缩釜 R1003 蒸汽阀，将釜内温度控制在 38℃左右
14	浓缩结束后，关闭抽真空阀 PV1003
15	浓缩结束后，关闭蒸汽阀 FV1003
16	打开大孔吸附树脂柱的工艺下水阀门 VD027，吸附后的废液进工艺下水
17	启动离心泵 P1005，将浓缩液通入大孔吸附树脂柱 S1002 中
18	打开离心泵 P1005 后的截止阀 VD030
19	打开纯水阀 VD024，给配料罐加入纯水 892.7kg
20	打开异丙醇阀 VA002，给配料罐加入异丙醇 57.2kg，配好 6%的异丙醇溶液备用
21	待浓缩液全部大孔吸附树脂柱后，关闭离心泵 P1005 后的截止阀 VD030
22	停离心泵 P1005
23	吸附结束后，打开纯化水阀 VD026，洗涤 10 min，以除去残留杂质（仿真时间 30s）
24	关闭大孔吸附树脂柱的工艺下水阀门 VD027
25	打开大孔吸附树脂柱到接收罐 V1003 的阀门 VD026

续表

26	启动异丙醇泵 P1006，通入异丙醇水溶液 949.9kg，对吸附的美罗培南进行解吸
27	打开泵 P1006 后的截止阀 VD020，解析液通入中间接收罐 V1003
28	待解析液全部通入中间接收罐后，关闭泵 P1006 后的截止阀 VD020
29	停异丙醇泵 P1006
30	关闭减压浓缩釜 R1003 抽真空阀 PV1003 前阀
31	关闭减压浓缩釜 R1003 抽真空阀 PV1003 后阀
32	关闭减压浓缩釜 R1003 蒸汽阀 FV1003 前阀
33	关闭减压浓缩釜 R1003 蒸汽阀 FV1003 后阀
34	关闭减压浓缩釜 R1003 冷却水阀 TV1003 前阀
35	关闭减压浓缩釜 R1003 冷却水阀 TV1003 后阀
36	关闭大孔吸附树脂柱到接收罐 V1003 的阀门 VD026

四　浓缩结晶

1	启动丙酮泵 P1007，给计量罐 V1004 建立液位 50%
2	打开泵 P1007 后的截止阀 VD034
3	计量罐 V1004 液位达到 50%左右，关闭泵 P1007 后的截止阀 VD034
4	停泵 P1007
5	启动异丙醇泵 P1008，将滤液转移至浓缩/结晶釜 R1005
6	打开泵 P1008 后的截止阀 VD049
7	打开浓缩/结晶釜 R1005 抽真空阀 PV1005 前阀
8	打开浓缩/结晶釜 R1005 抽真空阀 PV1005 后阀
9	打开浓缩/结晶釜 R1005 蒸汽阀 FV1006 前阀
10	打开浓缩/结晶釜 R1005 蒸汽阀 FV1006 后阀
11	打开浓缩/结晶釜 R1005 冷却水阀 TV1004 前阀
12	打开浓缩/结晶釜 R1005 冷却水阀 TV1004 后阀
13	打开冷凝器 E1002 的冷却水阀 VD042，使蒸出的溶剂全凝后通过重力自流入接收罐 V1005
14	滤液全部转入浓缩/结晶釜后，关闭泵 P1008 后的截止阀 VD049
15	停泵 P1008
16	打开浓缩/结晶釜 R1005 抽真空阀，控制釜压为负压
17	打开浓缩/结晶釜 R1005 蒸汽阀，将釜内温度控制在 40℃左右

18	浓缩结束后，关闭抽真空阀 PV1005
19	浓缩结束后，关闭蒸汽阀 FV1006
20	打开 VD047，往釜内通入丙酮 500.9kg
21	关闭 VD047
22	打开浓缩结晶釜冷冻盐水控制阀 TV1004，将釜体降温至 0～5℃，搅拌下析晶 2.5 h（仿真时间 2 min）
23	打开搅拌装置，搅拌下析晶 2.5h（仿真时间 1 min）
24	析晶时间到，关闭搅拌装置
25	析晶结束后，关闭冷冻盐水阀 TV1004
26	结晶结束后，打开釜底截止阀 VD050，料浆通过重力自流进入离心机
27	料浆全部流入离心机后，关闭 VD050
28	打开离心机开关，开始离心，滤液直接流入回收装置
29	打开 VD048，往离心机中通入少量丙酮，进行洗涤，再离心，离心后收集滤饼
30	离心结束后，关闭离心机
31	将离心后收集的滤饼投入真空干燥机
32	打开真空干燥机 S1004 抽真空阀 PV1006 前阀
33	打开真空干燥机 S1004 抽真空阀 PV1006 后阀
34	打开真空干燥机 S1004 蒸汽阀 TV1005 前阀
35	打开真空干燥机 S1004 蒸汽阀 TV1005 后阀
36	打开真空干燥机 S1004 抽真空阀 PV1006，将干燥机抽至真空后关闭真空阀
37	打开真空干燥机 S1004 蒸汽阀 TV1005，给干燥机加热至 45℃ 进行干燥
38	干燥完成后，点击"卸料"按钮，进行卸料
39	关闭浓缩/结晶釜 R1005 抽真空阀 PV1005 前阀
40	关闭浓缩/结晶釜 R1005 抽真空阀 PV1005 后阀
41	关闭浓缩/结晶釜 R1005 蒸汽阀 FV1006 前阀
42	关闭浓缩/结晶釜 R1005 蒸汽阀 FV1006 后阀
43	关闭浓缩/结晶釜 R1005 冷却水阀 TV1004 前阀
44	关闭浓缩/结晶釜 R1005 冷却水阀 TV1004 后阀
45	关闭真空干燥机 S1004 抽真空阀 PV1006 前阀

46	关闭真空干燥机 S1004 抽真空阀 PV1006 后阀
47	关闭真空干燥机 S1004 蒸汽阀 TV1005 前阀
48	关闭真空干燥机 S1004 蒸汽阀 TV1005 后阀

五 脱色精制

1	打开脱色釜注射水控制阀 FV1007 的前阀
2	打开脱色釜注射水控制阀 FV1007 的后阀
3	打开脱色釜冷冻盐水控制阀 TV1006 的前阀
4	打开脱色釜冷冻盐水控制阀 TV1006 的后阀
5	打开注射水控制阀 FV1007，给脱色釜 R1006 加入注射水
6	待加入注射水累积量达到 951.9kg 时，关闭控制阀 FV1007
7	加入粗品美罗培南 53.3kg，设定好投料量后点击"确认"按钮
8	加入活性炭 2.7kg，设定好投料量后点击"确认"按钮
9	打开脱色釜冷冻盐水阀 TV1006，控制温度 0~5℃
10	打开搅拌装置，搅拌下脱色 30 min(仿真时间 1 min)
11	脱色结束后关闭搅拌装置
12	脱色结束后，打开釜底放料阀 VD061
13	打开过滤器 S1006/S1007 出口阀 VD058
14	打开氮气阀 VD067，用氮气将溶液压出，转移至板框过滤机压滤后，滤液进入结晶釜 R1007
15	关闭冷冻盐水阀 TV1006
16	关闭脱色釜注射水控制阀 FV1007 的前阀
17	关闭脱色釜注射水控制阀 FV1007 的后阀
18	关闭脱色釜冷冻盐水控制阀 TV1006 的前阀
19	关闭脱色釜冷冻盐水控制阀 TV1006 的后阀
20	启动丙酮泵 P1009，给计量罐 V1006 建立液位 50%
21	打开泵 P1009 后的截止阀 VD063
22	关闭泵 P1009 后的截止阀 VD063
23	液位达到 50%左右，停泵 P1009
24	打开结晶釜冷冻盐水控制阀 TV1007 的前阀
25	打开结晶釜冷冻盐水控制阀 TV1007 的后阀
26	打开结晶釜冷冻盐水控制阀 TV1007，降温至 0~5℃
27	打开截止阀 VD059，给结晶釜通入丙酮 471kg

28	打开搅拌装置，搅拌下结晶 2 h(仿真时间 1 min)
29	结晶结束后关闭搅拌装置
30	打开结晶釜釜底出料阀 VD065
31	打开氮气阀 VD070，将滤液压至三合一设备
32	关闭结晶釜冷冻盐水控制阀 TV1007 的前阀
33	关闭结晶釜冷冻盐水控制阀 TV1007 的后阀
34	待滤液全部留出后，关闭结晶釜釜底出料阀 VD065
35	关闭氮气阀 VD070

六 干燥包装

1	打开三合一设备上的平衡阀 VD055
2	打开结晶釜出料阀 VD065，将料液转移至三合一设备
3	打开氮气阀 VD037，进行压滤
4	同时关闭三合一设备上的平衡阀 VD055
5	打开纯水阀 VD056，进行洗涤，洗涤结束后重复过滤步骤
6	打开蒸汽阀 TV1008 的前阀
7	打开蒸汽阀 TV1008 的后阀
8	打开蒸汽阀 TV1008，给三合一设备加热，进行干燥
9	干燥结束后，打开出料阀进行卸料